沖杯美味咖啡的露營時光

攝影・文字 小林紀雄

瑞昇文化

PROLOGUE

起始

序言

呼吸新鮮空氣，享用無上咖啡

這裡有杯咖啡，它當然好喝，但假如有什麼魔法能讓它變得更特別，方法便是在充滿大自然的露營場享用，在林木圍繞下，感受著風的吹拂並品嘗，光是如此就是一杯令人難以忘懷的咖啡。

咖啡豆的種類和烘焙方式有很多，但比起這些，我更喜歡的是有咖啡陪伴的場景和時光。儘管生活中發生了各式各樣的事情，但只要有咖啡香，我便覺得當下能夠悠閒度過。

從求學時期一直使用到現在、充滿回憶的登山裝備，以及拿特別的杯子來沖煮咖啡，就像是在和宛如老朋友的道具們對話。喝咖啡要在什麼樣的地點、什麼樣的場景、又會使用哪些器具，我認為這些都是非常重要的，而這本書將談論我個人和咖啡有關的野外活動經歷。

我所能想到享用咖啡的最佳情境，露營場肯定名列其中。

Contents

・刊載情報為 2022 年 4 月時的資訊。
・刊載物品都是作者個人持有物，可能包含目前無法取得的品項。

CHAPTER 01

在大自然中品嘗咖啡

我要公開宣告，野外是最適合喝咖啡的地點，

請你帶著心愛的咖啡器具前往戶外吧！

雖然平時經常光顧的咖啡廳也很不錯，

但露營場才是留給活在當下的你與咖啡的頭等席。

露營咖啡美味的原因

當人們身處於大自然之中，就會覺得感官比平時還要敏銳。諸如森林裡的氛圍、林木的存在感、風聲和朝露的光輝等五感所接收到的新鮮記憶，會和咖啡一起沁入體內。

有些咖啡過了好幾年仍然令我難以忘懷，回想起來，它們每一杯都代表一個情景，在我腦海中留下記憶。以我個人而言，最好喝的咖啡就在最美好的露營場景中。

我想，很多人都是為了遠離日常並放鬆才去露營，但其實露營比想像中更忙碌。到了露營場之後便手忙腳亂地搭帳篷和準備餐點，回過神來才發現工作量比平時還要繁重。有一次，我還曾經心想：「我跑來露營是為了什麼？」

要在露營時保有悠閒的時光其實不容易，於是我便決定要安排咖啡時光。我發現，光是慢慢煮開水、沖泡和喝咖啡，慌亂的時間就會暫停下來。

只要手上拿著咖啡杯，人自然就無法慌忙行動，還有餘裕留意小事，例如小鳥的鳴叫聲和林葉間灑落的陽光。我認為，在露營場喝咖啡是個讓人在露營的過程中放慢步調並面對大自然的好方法。

此外，若除了沖泡之外還挑戰親手烘焙咖啡豆，又會更添一番樂趣。在營火上炒過的咖啡豆遠比平時更加狂野又充滿煙燻味，這是在自家廚房或咖啡廳無法獲得的最棒的精髓。

能在大自然中靜下心來喝杯咖啡有多麼幸運，時至今日，我還是同樣對此心懷感謝。

手邊有杯咖啡，眼前有營火，光是如此就一切令人滿足了，這就是露營的魔法。

映照在咖啡表面上的景緻

大家平常喝咖啡時，應該不曾注意到咖啡表面映照出什麼吧？但若是在野外享用，咖啡表面會呈現一片意想不到的光景。頭上的樹木和灑落的陽光美麗地映照在上面，閃爍並搖曳著。如果你認為「那又如何」也沒有關係，但我覺得這是透過咖啡在和小小的大自然對話。

近年來，人們越來越注重生活品質，我覺得其中一個重點便是如何度過私人時間。換句話說，生活品質是「優質時光」的累積，私以為最不可或缺的就是「擁有咖啡的時光」。

能否找到讓自己真正放鬆的地方，並且在那裡度過高品質的時光，將會讓人生產生巨大差異。這和富不富有無關，想要擁有這種時光的念頭將會成為原動力，讓人生多了幾塊更豐富的拼圖。

要觀察咖啡表面是需要技巧的，死盯著眼前的咖啡反而看不見，要將焦點放到無限遠，讓自己放空才能看清楚。

我自己也曾在放空時浮現工作上的好點子。科學證明，要讓大腦放空和放鬆才會靈光乍現。咖啡能夠刺激大腦的「獎賞系統」（reward system），是一種給自己的犒賞。

一個人靜靜坐下來，凝視著映照在咖啡表面的林木，心中想著森林。這一瞬間，我細細品味著在大都市裡緊繃的心一下子放鬆下來的感覺。這或許是現代版的冥想也說不定呢。

我前往野外時總是會攜帶小型火爐和熱水壺，它們就像是小小的「護身符」。無論天候如何，能不能燒開水會讓心情產生很大的落差。

唯有形式自由，才是通往真正的露營咖啡之路

我的觀念是，露營咖啡的風格就應該自由不受限。只要去到野外並飽嘗大自然，無論怎麼喝或喝什麼都很美味。

無論擁有多麼豐富的咖啡知識，那都是在大城市裡的情況，到了野外就是另一回事。這個說法聽起來雖然矛盾，但真正能在露營時享受咖啡的人，並不追求完美無缺的咖啡沖泡法。

露營場有時下大雨，有時颳大風。我曾經想要升起營火燒開水，但柴火淋濕了，眼睛被煙燻得紅通通。在這種情況下，我們往往無法按照教科書所教的方法沖泡咖啡。既然如此，不追求盡善盡美，滿足於「相對較好」的心態就很重要。只要臨機應變，在辦得到的範圍內沖泡出咖啡即可。

人的味覺很不可思議，在暴風雨中辛苦泡好卻徹底冷掉的咖啡，抑或是杯子裡混進了樹葉的咖啡，事後想起來或許會是珍貴的一杯，往往會成為無上的美味留在記憶之中。

本書除了最基本的手沖式咖啡之外，還會介紹只在戶外才能辦到的沖泡方式及即溶咖啡。大家不妨抱著「今天就慢慢滴漏」或「今天喝即溶就好」的想法，彈性地改變沖泡方式。

請大家放輕鬆，採用自由的形式。至少我是抱著這樣的心情和形式撰寫這本書的。能在暴風雨中快速沖泡出一杯熱騰騰咖啡（即使是即溶咖啡也無妨）的人，才是真正的露營大師！

這天，我讀中學的女兒也來參加露營。在露營場，她從背包裡取出的東西是最近才開始學做的編織套組（連咖啡也是剛開始喝）。「想要嘗試一邊看著營火一邊編織」就是她獨特的喝咖啡形式。這種構想對身為中年男子的我而言想都沒想過，實在很新鮮。露營方式真的是人人不同。

15:00　午後時光是北歐的「Fika」風

位於北歐的瑞典有個名叫「Fika」的文化，也就是一邊吃甜食，一邊悠閒地喝咖啡或茶。有一說是，「Fika」一詞來自瑞典語的咖啡「kaffe」。據說不光是一般的家庭，連公司行號也有這樣的習慣，一天當中無論再怎麼忙碌，在早上 10 點和下午 3 點左右都要停下來休息一下。

正午一過就抵達露營場，開始搭帳篷、設置天幕、擺設火爐等器具，當這些瑣碎的事務告一段落時，大多已經下午 3 點了。在日本，這個時段對大人和小孩而言同樣是點心時間，即使為了準備晚餐還有很多事情不得不做，但大家不妨在這時暫且停下手邊的工作，先享受一段悠閒的時光。

攝於晚秋的八之岳露營場。這一天，除了巧克力之外，還有山裡的木通果當點心。

攝於八之岳山腳的露營拖車內。我感受著窗外的早晨氣息，喝下提神的一杯。

06:00　在森林中醒來，在天亮時喝杯咖啡

森林被包覆在霧中，帳篷被朝露濡濕，一片寂靜。為了不吵醒朋友，我悄悄地開始準備咖啡，我喜歡這樣的瞬間。

儘管地點是露營場，但無論我在大自然中度過了多少個夜晚，其實都還是會感到緊張。在黑暗中，帳篷外面傳來細小的聲音，風聲聽起來像是某種東西的叫聲……度過這樣的一夜，順利迎接早晨時，彷彿完成了一項任務——難道只有我這樣想嗎？被黑暗籠罩一整晚的緊繃感，在明亮的黎明時分溫和地放鬆了。

在寧靜當中，火爐燃燒的聲音靜靜響起，熱開水沸騰著，咖啡在滴漏出來的瞬間散發香味。以前看過的一部外國戲劇有句台詞是：「早晨的一杯咖啡最為雄辯。」像在和咖啡對話般，在早晨時分獨自靜靜地品飲也很棒。

這盞油燈是我幾年前在波蘭的跳蚤市場買到的。它附有反射用的鏡子，比一般油燈照得更亮，我很喜歡這一點。

18:00 傍晚過後，看著營火來杯咖啡

從大致吃過晚餐後到鑽進睡袋前的這段時間，我總是想要看著火焰。這或許是自古以來就刻在人類 DNA 裡的欲望，而這時候也少不了一杯用來為一天劃下句點的咖啡。

欣賞營火時，適合喝風味有些狂野的咖啡，我推薦的有牛仔咖啡（→ P.78），或者是用滲濾式咖啡壺（percolator）（→ P.77）來泡咖啡。想稍微冒險一下的話，要泡土耳其咖啡（→ P.80）也很不錯。其中，牛仔咖啡屬於用營火的熱能來煮咖啡的類型，是除了苦味之外又增添澀味、能夠盡情享用山野風格的咖啡。我認為，太陽下山後所升起的營火果然是露營場的重頭戲。

坐在喜歡的地方，大腿上放一塊小型砧板，就成了迷你咖啡空間。

這看起來只是一片用剩的木頭，但其實它是在美國的倉庫等地使用了長達半世紀的老木材。帶上一片自己心愛的板子，就會更加喜歡它。

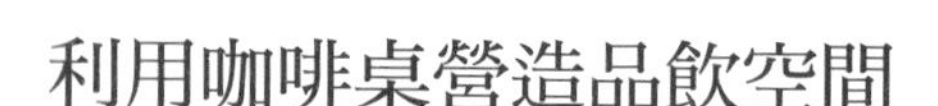

利用咖啡桌營造品飲空間

在室內，喝咖啡時把杯子放在餐桌上是理所當然的，但這一點在戶外比想像中更困難。登山或健行時是能夠在山裡泡咖啡來喝，但不一定有餐桌。若是去露營的話，應該勉強能帶上自己的餐桌。

我會攜帶在居家用品店買的DIY組裝式小餐桌去露營。即使沒有餐桌，要沖泡或飲用咖啡當然也沒問題，但若是能在大自然中放個小桌，場域的

組裝式的小餐桌。我親手為它塗上柿澀，欣賞它的色澤一天天變深。

氣氛便會大不相同，一個「品飲空間」當場就完成了。一張小小的咖啡桌，將能營造出一段咖啡時光。我稱呼它是為了享用一杯美味咖啡的「森林中的陳設」。

這種風雅的做法如何呢？我喜歡將一年四季的葉子當作杯墊或裝零食的小盤子，也會夾在正在閱讀的書籍中當作書籤。葉子只要一直夾在書裡就會乾掉，就完成了葉子版的押花，我把它當作露營的回憶。

我使用裝紅酒的木箱來搬運露營用的咖啡器具，只要把木箱倒蓋或橫躺就變成小桌。這很堅固，就算弄髒了我也不太介意。更重要的是，木箱放在露營場的任何地方都很好看。雖然塑膠製的容器也不錯，但我還是喜歡木製。

a

d

b

要用什麼杯子喝

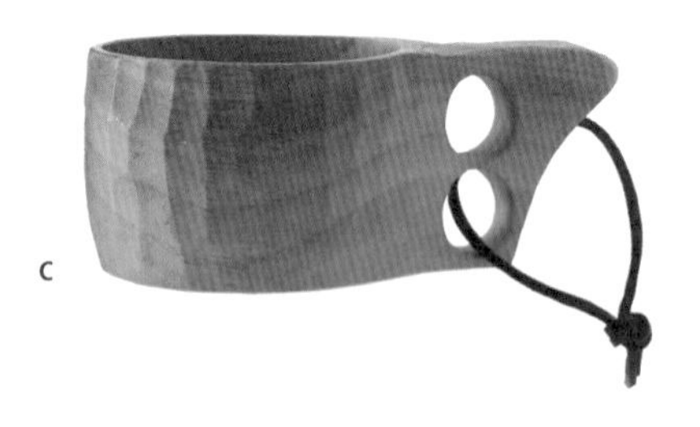
c

e

a. 在淺草的二手古物店找到的杯子，我喜歡它圓滑的輪廓。材質是美耐皿。／b. 珐瑯馬克杯，在海參威的市場找到的，質樸的圖案很有俄國的風格。／c. 芬蘭原木杯，也有握柄沒有穿洞的種類。第一次用它喝咖啡時，木材的溫潤觸感打動了我。／d. 露營杯形式的 500cc 小鍋，用來當炊具兼杯子使用可以減少行李量，還可用於牛仔咖啡。／e. 一口杯（shot glass），這原本是用來喝威士忌的，但我用來喝越南咖啡。有厚度而不容易摔破這一點很適合露營。／f. 珐瑯材質的濃縮咖啡

咖啡杯的材質與設計

那麼，泡得美味的咖啡，要倒進什麼樣的杯子來喝呢？即使是同一壺咖啡，只要使用的杯子不同，味道也會跟著改變。思考要用什麼杯子喝也是一種樂趣。

適合帶去露營的有露營杯和不鏽鋼杯等金屬製品，因為不怕摔破，所以真的很方便。珐瑯製杯子有種氛圍，我很喜歡，但這種杯子導熱效果好，相對地要小心燙傷嘴唇。平時在自家使用的陶杯也不錯，但必須包上緩衝材小心運送。美耐皿等人工材質很乏味雖然也是事實，但假如有點懷舊的

杯（demitasse cup），最大的特點仍然是不易摔破，其次則是可以直接放在火上加熱。／g. 美軍的庫存品，由於是美耐皿材質，不易摔破是最大的優點。軍事用品就是堅固耐用，方便帶去露營。／h. 陶瓷製的濃縮咖啡杯，儘管很怕摔，但用陶杯喝起來的美味可不遜色。／i. 露營杯，對露營者而言，擁有一個絕不吃虧。除了當杯子用之外，還能當作盤子或炊具，十分萬用。／j. 我原創的濃縮咖啡杯。在陶藝家朋友的教導下，塑形和繪製都是自己親手完成。／k. 它形狀很特別，但剛好能夠裝入 Mugmate 咖啡濾網。除了當杯子之外，我還用它來攜帶濾網。／l. 梅森罐（mason jar），蓋子上有吸管插孔的款式用來喝冰咖啡最合適，不僅不易溢出，還可以防蟲。

設計感就會讓我愛惜，因此我個人並不討厭。近幾年芬蘭原木杯（含仿原木風格在內）大受歡迎，我想大家應該第一次使用就會驚豔於它那柔和的觸感。木材有保溫功能，用來裝咖啡比金屬杯子更不容易冷卻也是它的魅力所在。

要用什麼杯子喝咖啡，只要看當下的心情決定即可，不過我自己還是最喜歡長久以來愛用的杯子。

我手上這個杯子正確來說是仿芬蘭原木杯風格。雖然不是北歐製造的產品，但越用越有味道，會更加愛惜。

源自北歐的芬蘭原木杯

隨著北歐風潮興起，芬蘭原木杯（Kuksa）的知名度和人氣在這幾年一口氣水漲船高。真正的芬蘭原木杯似乎是使用白樺木的「樹瘤」手工雕製而成，但只要是木製品，就能充分展現出質感。芬蘭原木杯的優點在於不太能用清潔劑清洗（否則木材中的油脂會被洗掉），這對懶人如我來說正好，在露營時都只用紙張稍微擦拭而已，不僅不會有罪惡感，還有「養杯」的樂趣。

求學時期，我為了拿它來當量杯使用，所以用釘子鑿了許多刻度而使它傷痕累累，但它至今仍然活躍服役中。

使用長達 37 年，充滿回憶的露營杯

露營杯（Sierra cup）起源於美國西部海岸，也是背包客文化的象徵。我抱著憧憬，在大學一年級的初夏買下它，還記得那是在我加入大學的登山社，要去八之岳合宿前一天，在神田神保町的登山用品店購買的。回過神來，在那之後已經過了 37 年！它飽含許多回憶，用它來喝咖啡彷彿就能在某個瞬間回到學生時期，是一段幸福的時光。

人家都說帶去露營的杯子最好是不容易摔破的材質，但只要你喜歡，無論什麼杯子都 OK。擔心的話就用緩衝材料包起來攜帶。我個人的習慣是「選不出來就全部都帶」。

b

a

c

d

a.露營時，冰咖啡遠比熱咖啡奢侈，因為開水可以燒好幾次，但冰塊一旦融化就再也無法取得。

b.琺瑯杯的導熱非常好，喝熱騰騰的咖啡時要小心別燙傷嘴唇。

c.湯匙很容易弄丟，最好多帶幾支。若你是減塑主義者，我推薦間伐材製品（圖右）。

d.在日出和日落，陽光很美時使用玻璃杯。透射光讓咖啡閃耀著美麗的光芒。

下面鋪的是東德軍隊釋出的軍幕，除了能當作雨具之外，還可以當作天幕或鋪墊，有一片的話各方面都很方便。

帶了哪些東西呢？

以某天的咖啡用具為例

a. 皮革手套。升營火時有一雙會很方便，還可用來當作熱鍋的隔熱手套。／b. 小型固體燃料＆鍋架，在主力爐的瓦斯用完或點不著時當作備用。（→ P.108）／c. 濾掛式咖啡包。個別包裝且保存期限長，用來當作關鍵時的救星。（→ P.90）／d. 濾紙，要小心別讓它受潮（→ P.76）／e. 濾杯與濾杯架，由於是橡膠製品，所以不怕摔破，也不占空間。（→ P.87）／f. 水壺，用來汲取美味的水帶去露營。（→ P.102）／g. 滲濾式咖啡壺，把壺中的濾網拿掉，就成了好用的熱水壺。（→ P.77）／h. 瑞士刀。附有開瓶器和開罐器，帶上一把會很方便。／i. 瑞典刀（MORAKNIV），能用來代替菜刀或劈柴，因此在升營火時能派上用場。（→ P.144）／j. 牛奶壺（milk pitcher），拿鐵派必講究的用具。（→ P.127）／k. 咖啡粉和豆子。建議選擇能防潮的容器（→ P.54）。／l.m.n.o. 各種杯子。我會攜帶好幾種杯子，以便看心情飲用（→ P.26）。／p. 銀杏果炒鍋，用來烘焙咖啡豆。（→ P.57）／q. 手搖磨豆機，若你講求剛磨好的豆香就少不了它（→ P.59）。／r. 量匙，塑膠製的比較方便。／s. 湯匙，用於製作花式咖啡。／t. 瓦斯爐與瓦斯罐，這是主力爐，用來燒開水（→ P.109）。／u. 打火機，我將它裝進塑膠袋以免弄濕。／v. 零件盒，火爐的燃燒部位很脆弱，我用在百圓商店買到的盒子裝它並攜帶。／w. 組裝式的小桌（→ P.22）／x. 砧板，可當作小桌或作業台，有的話各方面都很方便（→ P.22）／y. 瓦斯爐的隔熱桌，也可當作迷你桌使用。（→ P.109）

我會裝進木箱（→ P.25）中攜帶，或是收進大型托特包裡。

將竿子和幾張軍幕組合起來，就變成簡易帳篷。

露營場貴婦

「Chemex手沖咖啡濾壺」的魅力

Chemex 手沖咖啡濾壺具有看過一次就難以忘懷的獨特外型，兼具簡單的構造和良好的功能，是獨一無二的存在。其濾杯和壺身一體成型的簡約設計，讓人越用越著迷於它的魅力，可說是美國民間工藝的出色逸品。

咖啡和正餐不同，原本就是一種嗜好，在露營時就更不用說了。玻璃製的濾杯將讓我們度過一段奢侈的時光。特地攜帶易碎的玻璃製品到野外雖然很費工夫，但它就是具有無可取代的魅力。

不但需要準備專用的濾紙，就連濾紙也有既定的折法，而且價格昂貴。總之就是許多方面都要留意，因此我稱它為「露營場的貴婦」。

露營用品大多都做得很堅固，即使受到粗暴對待也能抵擋，但 Chemex 手沖咖啡濾壺必須小心對待。人在露營時往往粗手粗腳的，但它那凜然的外型彷彿一言不發地在告誡我，我便用最高等級的服務款待它，於是心靈上便得以保持餘裕，有助於抱著優雅的心情度過咖啡時光。

→

→

沖泡方式和一般濾杯沒有太大的不同。熱水通過圓錐形濾紙的速度較快，所以要慢慢注水。氣溫低時，在滴漏之前先用熱水燙過濾杯，就能享受熱騰騰的咖啡。

由於玻璃表面非常燙，所以將咖啡倒進杯子裡時，我會握住它內縮部位的木框。木頭和皮繩經年累月地變化也充滿樂趣。

能透過蒸汽與玻璃看見對側的森林，也是 Chemex 手沖咖啡濾壺的一項魅力。

如何攜帶 Chemex 手沖咖啡濾壺？

基於職業的關係，我經常攜帶相機這種精密儀器。在攜帶易碎物這方面，攝影師可說是專家中的專家。只要當作是和平常一樣在搬運精密的攝影鏡頭就會覺得很輕鬆了，我會將相機專用的收納盒和緩衝包材直接用來攜帶咖啡器具。

想要輕鬆攜帶時，我會使用望遠鏡頭的收納盒。更有幹勁時，則會放進手提箱攜帶。照片中的手提箱是硫化纖維材質（輕巧且堅固），是在二手古物店找到的，我將攝影器材用的泡綿挖出形狀，放在手提箱內部，以便用來搬運一整套用具。這是用來搬運攝影器材的既定做法，我認為是用來防止外部撞擊的最佳方式。

雖然只不過是咖啡，卻不可小覷。若是為了一杯奢侈的咖啡，使用占空間的手提箱也算不了什麼。

為「貴婦」獻上無上的款待。Canon 官方出品的 300mm 望遠鏡頭專用的收納盒尺寸剛剛好（左上）。手提箱則和搬運攝影器材時一樣，上蓋有凹凸的海綿，本體則使用挖洞的海綿。這在大型攝影器材店就可以買到。

在哪裡喝咖啡？

在帳篷裡喝咖啡

帳篷是很不可思議的東西，明明只是一塊布而已，卻能明確分隔外界和私人空間。我認為帳篷是人類所打造最迷你的小屋，而且它非常柔軟。到目前為止，我在森林裡搭帳篷的次數已經數不清，但無論什麼時候進入帳篷總能感到安心。

欣賞眼前的風景，在遼闊的空間裡喝咖啡雖然也很棒，但是在帳篷裡喝咖啡又別有一番感受。一進入帳篷布圍出來的小空間，風聲瞬間被遮蔽，接著就被一片寂靜給籠罩。陽光從樹葉間灑落，再穿透帳篷布發出光芒，這是我喜歡的景緻之一。我總是覺得帳篷就像森林中的茶室，就連「要蹲低身體鑽進去」這一點，也和茶室莫名相似。

從帳篷裡向外看，風景的一部分被框起來，彷彿是一面取景窗。能夠裁剪風景，就像是在看一幅畫那樣欣賞大自然，我認為這就是帳篷吸引人之處。

理論上，露營時要將帳篷入口朝向下風處，但若考慮到取景窗，將入口朝向美景才是正確的做法。我會從這個「小窗戶」欣賞隨著太陽移動而每分每秒改變的光景，盡情享受咖啡時光。

如果可以的話，我推薦大家在傍晚時使用真正的油燈，取代 LED 燈。

豪華露營（Glamping）專用的鐘型帳篷，帆布厚實，防風功能佳。側邊設計了煙囪孔，冬天也能在帳篷裡使用柴火爐。由於是單柱帳篷，頂端高到連大人也能在帳篷內直立行走，易於居住是它的魅力。

在陽台喝咖啡

自從新冠疫情爆發以來，人們待在家的時間變長，還衍生出「陽台露營」這個新詞。在此之前，陽台曾經這麼受到矚目嗎？雖然我這麼說，但我在防疫期間也在陽台搭了好幾次雙人蒙古包帳篷。除了午睡之外，有時候也會在裡面睡上一晚。

坦白說，我以前覺得陽台沒什麼，但是試著在陽台搭帳篷之後才發現這比想像中有趣，雨天時地上一片濕答答很有野外的感覺，相當新鮮。對住在大都市的人來說，陽台是距離身邊最近的戶外場所。過去，我只把陽台當作晾衣服和種植植物的地方，但現在覺得它彷彿成了另一個生活起居的空間。

我把小桌子和椅子搬到陽台上，嘗試在那裡喝咖啡。這是我第一次像這樣在陽台品嘗咖啡。在日常生活中，只要有幾分鐘的零碎時間，就能享受戶外咖啡廳的樂趣。只需要從房間走個幾步路，就能到達另一個戶外空間。尤其是天氣好的日子就更棒了。

將我平常總會帶去露營的圓板放在小椅子上，就是個餐桌了。只要有半張榻榻米的空間就能設置。

我會拿出常用的小桌子，用喜歡的陶杯享受咖啡時光。由於是在自家，因此使用電熱水壺很方便，還可以摘下自己種的香草來為咖啡增添香味。我家在橫濱的山丘上，遠方還能看見海。

我放在陽台的小椅子，是泰國或越南等東南亞國家的攤販經常使用的款式（塑膠製）。椅面約 30cm 高，剛好適合放在狹窄的陽台上。不使用時可以疊起來，不占空間。而它在露營時當然也非常活躍。

Column

無法去露營的日子

因為工作的關係或是天候不佳等原因沒辦法去露營的時候，我會在家裡泡咖啡來喝。不死心的我，總是希望即便是在自己的家裡喝咖啡，也能同時感受到山裡的氣氛。

為了這種時候的需求，我總是在客廳的沙發旁邊打造一個「山林氛圍區」，在那裡擺放露營器材、登山用具，以及我喜歡的八之岳風景畫。黃昏時不開電燈，而是點亮油燈。

在這段小時光中，我能確切感受到日常的空間稍微變得非日常一些，然後遙想著山，品嘗著咖啡。

在一杯咖啡中加入自己的故事，咖啡的味道也會變得更濃厚。

我喜歡山的繪畫。我覺得在家裡掛畫能增加「房間裡的窗戶」。照片中的油彩畫是 1960 年代由前田さなみ繪製的《八之岳高原》。

在露營拖車上喝咖啡

幾年前，我得到八之岳南邊山腳下的一片小森林。

那裡生長著一整片茂盛的山白竹，我每個月去一、兩次，先從整地開始做起。花了一年多的時間，才終於整理成能把車子開進去的程度。我當初本來還打算靠自己蓋一間小屋，但一想到「區區外行人利用工作空檔從橫濱跑來蓋小屋究竟要花多少錢」就昏頭了。

有沒有方法不花太多預算，就能盡快在森林裡度過週末呢？我想到的點子是拉一台露營拖車來，設置在森林裡。我在網路上搜尋二手車，請業者大老遠從滋賀縣運來。我現在仍然能夠清楚地回憶起當時是颱風過後的某個晴天，心心念念的露營拖車終於送來了。

我坐在露營拖車上欣賞森林，於眼前開展的真的是一片很特別的光景。我先前當然也看過那片森林，但坐在車內的沙發上透過大片窗戶所看到的森林，就像是第一次看到的嶄新世界，有種不可思議的感覺。

因為並不是從帳篷裡面或是建築物的窗戶看到森林，因此有種獨特的一體感。我在車內的小廚房燒開水泡了咖啡，當時的美味難以忘懷。

我察覺，就連過去的自己都沒有意識到，我一直在追求這種與森林之間的距離感。那一天，我在露營拖車中愣愣看著森林，時間長達 3 個小時。在森林包圍下所喝的咖啡果然最為美味。

可以在「outdoor」的「indoor」空間享用咖啡。

進入露營拖車後，右手邊就是廚房，裡面是起居空間，左手邊是上下舖。此外還備有廁所和衣櫃。

從露營拖車望出去的風景。只要有一杯好喝的咖啡，我便別無所求。

CHAPTER

02

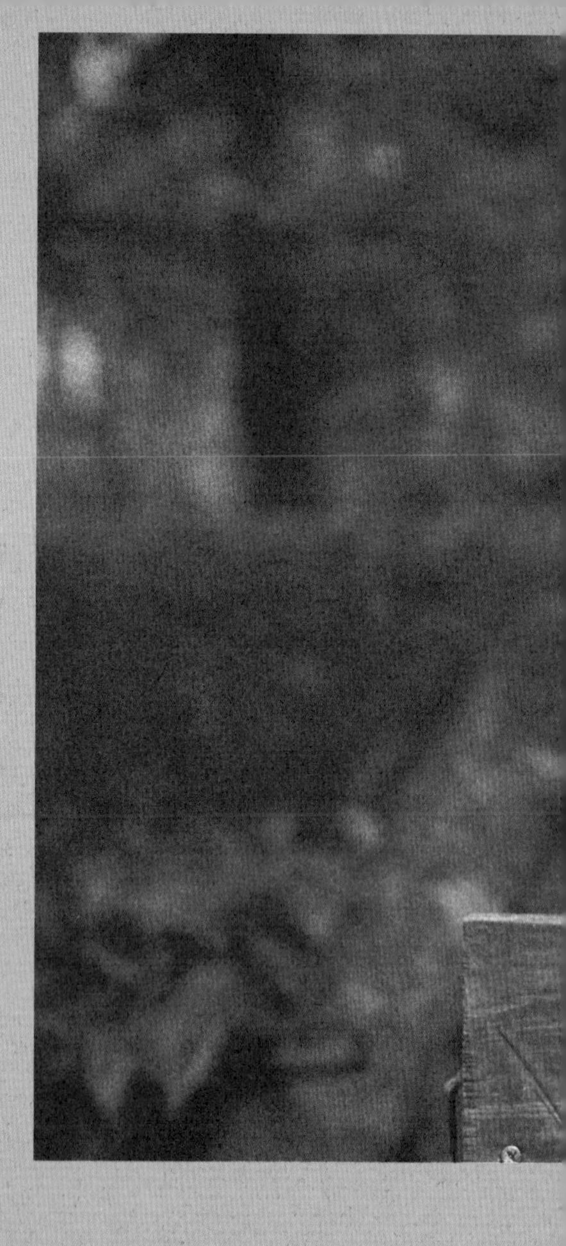

咖啡豆的挑選、烘焙和研磨

咖啡豆的新鮮度和挑選的確很重要，但我認為，露營的時候即使不必那麼講究，不是也很棒嗎？而且也有一些享用方式在露營時才能辦到。別想得太難，先來一杯再說吧！

露營能對咖啡豆施展魔法

在咖啡風潮的推波助瀾下，如今在日本能夠買到各個產地的咖啡豆，除了實體店舖之外，也有許多代客烘焙咖啡豆的網路門市。老實說，如何挑選豆子總是令人猶豫。

挑選咖啡豆對一杯咖啡而言的確很重要，但是我認為最高級的咖啡豆不一定是最適合在露營的時候沖泡的豆子。如果你問我：「要帶什麼咖啡豆去露營最好？」我的答案是「可以讓你快速沖泡完成的慣用咖啡豆」。

我求學時期隸屬於登山社團，在各式各樣的地方露營過，我從中學到「山上的飲食，選擇製作最簡易快速的餐點，並且不留下垃圾」是無上的美德，而咖啡也是相同的道理。

若要快速沖泡的話，最好使用你在家裡最慣用的咖啡豆。假如你是屬於在家裡總是喝即溶咖啡的類型，我認為這也無妨。就從這裡開始，然後再慢慢增添變化吧！

身處野外的時候，條件比起在家裡沖泡時還要更嚴苛的部分並不在少數。除了天候情況之外，熱源和餐桌也都是比較簡易的款式。我認為在這種環境下也能安心沖泡的咖啡就是最佳的選擇。

不過，我能保證，慣用的咖啡豆不會是平時的味道。到了露營場地，你會感覺平時喝習慣的咖啡變得美味好幾倍，這就是露營的魔法。

我建議先攜帶家裡常用的咖啡豆。

用於戶外的咖啡豆

要攜帶什麼豆子去露營？

我想大家應該會猶豫要購買生豆還是已經烘焙好的豆子，但總之就先攜帶家裡現有、已經烘焙完成的咖啡豆或咖啡粉去吧！雖然有豆子和粉末之分，但一開始先帶咖啡粉會比較簡便。如果你是咖啡豆派，有小型的手搖磨豆機會很方便。不介意多花工夫的人，也可以買生豆來自己烘焙（→ P.56）。生豆近年來在網路上也能輕易買到，等熟練了之後，再挑戰用營火烘焙吧！

關於咖啡豆的烘焙度

咖啡豆的味道會隨著烘焙程度改變。一般來說，烘焙度可分為淺烘焙（Chinamon roast）、中烘焙（High roast）、中深烘焙（City roast）與深烘焙（French roast）等 8 種，但露營時只要粗略分為淺烘焙、中烘焙與深烘焙等 3 種就已足夠。咖啡的風味是由酸味和苦味的比例構成的，烘焙較淺時的酸味比較強烈，烘焙得越深，酸味就越弱；相反地，烘焙較淺時的苦味較弱，烘焙得越深就越苦。

露營咖啡越苦澀越好喝

下面這一段只是要談論我個人的喜好。每個人對咖啡的喜好不同，有人是淺烘焙派，有人是深烘焙派，而我硬要說的話是「苦澀味派」。能沖泡出這種口味的代表例子是滲濾式咖啡壺（→ P.77）和牛仔咖啡（→ P.78）等露營特有的沖泡法。

據說，使用濾紙的傳統沖泡法能去除油脂和雜味，還有人說使用超過 90 度的熱水沖泡咖啡容易有雜味，但我完全無視這些規則。至於牛仔咖啡，因為它是將磨碎的咖啡豆全部丟進鍋子裡煮出咖啡，因此講究咖啡的人看了簡直要暈倒。

煮出雜味和苦澀味全都跑出來的黑色液體，有時候會被形容為「簡直像泥水」，這也是事實。這種咖啡若出現在街上的咖啡廳或許是個大問題，但一旦到了野外卻完全在我可以接受的範圍內，真不可思議。不，應該說我覺得不這麼狂野的話就無法令人滿意。在某種意義上，這或許就是露營咖啡的魅力。

我家愛用中的家庭式電動烘豆機，優點是令人困擾的銀皮（Chaff）不會飛散。它一次能烘焙 150g 的生豆。

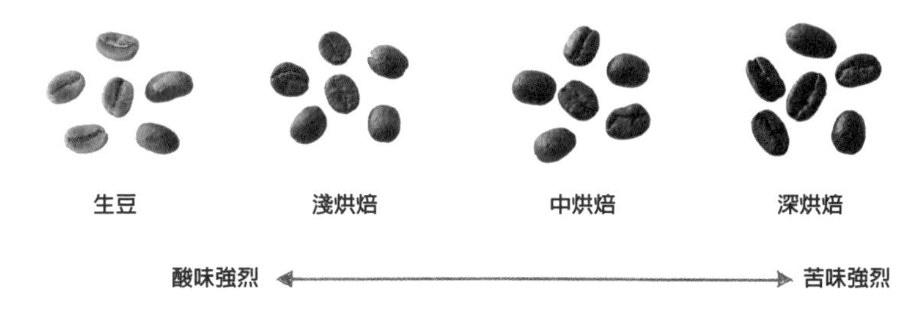

生豆　淺烘焙　中烘焙　深烘焙

酸味強烈 ←→ 苦味強烈

攜帶咖啡豆的方法

要如何攜帶咖啡豆或咖啡粉到露營場呢？這回事並沒有想像中容易，也是一個重要的課題。準備露營時，雨備方案是最基本的，無論天氣預報的降雨機率有多低，還是要未雨綢繆、做好準備，如此一來，即使突然下起驟雨也不會手忙腳亂。

咖啡豆很怕受潮，碰到水氣就會大幅走味，所以我經常使用 100%純果汁的空瓶來裝咖啡豆。這種容器的蓋子能蓋得很緊，而且瓶身是透明的，能看到內容物，相當好用。雖然只是普通空瓶，但貼上喜歡的貼紙就能彰顯個人風格，令人愛不釋手。

離題一下，除了咖啡豆的攜帶方法之外，還要考量自身的移動方式，也就是挑選出露營要用的鞋子。選鞋子在登山這方面是最重要的課題，而露營時同樣要挑對鞋子。我多方嘗試，最後找到 Blundstone 的側戈爾靴（圖左）。這個品牌來自澳洲的塔斯馬尼亞島，總之就是耐穿。只要塗上一層厚到可防雨水的油，就和雨鞋沒有兩樣。這款鞋子後方有拉片，要穿上它比綁鞋帶的款式更輕鬆，還能確實支撐雙腳。

假如你想找更正式的咖啡豆容器，我推薦 Nalgene 公司的產品。Nalgene 水壺很有名，該公司原本是藥品容器製造商，密閉性和堅固性都是首屈一指。照片中是尺寸用來裝咖啡豆剛剛好的款式，大的 250ml，小的 125ml。

將果汁空瓶重複利用，當作裝咖啡的容器。同時攜帶生豆、烘焙豆和咖啡粉 3 種，能夠享受不同的樂趣。

a

b

用營火烘焙

假如你想在露營場地享受營火的樂趣，我希望你務必要挑戰烘焙咖啡豆。這是一種成年人的「玩火」行為。烘焙咖啡豆是個點燃營火的好藉口，而且比想像中更簡便。

【材料與工具】

咖啡生豆（適量）、鑄鐵平底鍋或鍛鐵鍋（由於要乾燒，因此不可使用鐵氟龍鍋）

【做法】

1. 將生豆鋪滿整面平底鍋，不要有空隙也不要重疊，並將鍋子放在營火上（a）。若能用熾火最理想，但只要火焰別太大就 OK。
2. 不斷用木棒或鏟子翻動豆子，使它們均勻受熱，以免烘焙程度不均。假如火很大，與其調整營火的火力，不如暫時將平底鍋從營火上拿開。把平底鍋放在營火上 1 分鐘，再花 2 分鐘預熱鍋子，如此緩慢進行。
3. 豆子開始破裂，發出啪嘰啪嘰的聲音（b）。爆裂聲會暫時停止，再持續加熱的話，豆子就會快速地接連破裂。第一次稱為「一爆」，第二次稱為「二爆」，一般認為介於一爆和二爆之間的豆子最美味。豆子烘焙到你喜歡的程度就完成了（c）。我喜歡重度深烘焙的咖啡豆，所以會等到二爆之後才移開鍋子。

- 人在野外時聽得到一爆的聲音，但二爆的聲音很小，所以有時候看豆子的顏色來判斷會比聽聲音來得好。
- 加熱過程中會產生稱為「銀皮」的屑屑，要不時吹走。
- 「熾火」是指火焰消退，焰心燃燒時呈紅色的狀態。

C

使用平底鍋烘焙，約 15 ～ 20 分鐘即可完成。雖然有烘焙不均的情況，但這也是種樂趣，能夠喝到淺烘焙和深烘焙混合的咖啡。

使用銀杏果炒鍋，更添煙燻味

我們也可以用炒銀杏的網子來烘焙咖啡豆。為了防止受熱不均，放在營火上加熱時要不停地搖動它。至於火源則是務必要採用熾火，要是用一般的橘色火焰加熱，豆子就只有表面燒焦，而且全都沾滿焦煤。以照片中的量來說，烘焙 10 ～ 15 分鐘即完成，最後打開蓋子，並吹走那些銀皮。由於這種烘焙法會讓豆子直接接觸火焰，所以比用平底鍋更添一些煙燻味。

咖啡豆的研磨度與風味的關聯

即使烘焙程度相同，但咖啡的風味仍然會隨著研磨度變化，原因是滴漏時熱水通過的速度不同。這原理和盆栽的泥土一樣，顆粒粗的土壤排水良好，顆粒細緻的土壤排水不佳。

粗研磨的咖啡粉大約像白双糖，滴漏時熱水會快速通過，因此苦味淡，會沖泡出容易喝到酸味或甜味的咖啡。相反地，細研磨介於上白糖和細砂糖之間，熱水緩慢通過，因此會徹底沖泡出濃重的苦味。

根據萃取咖啡的工具不同，適合的研磨度也不同。舉例來說，法式濾壓壺適合粗研磨，滴漏式適合中研磨，義式咖啡機則適合細研磨。至於土耳其咖啡則是極細研磨才能沖泡得最美味。

咖啡豆的各種粗細

左起依序為極粗研磨、粗研磨、中研磨與細研磨。除了極粗研磨之外，其他都是用手搖磨豆機磨出來的。

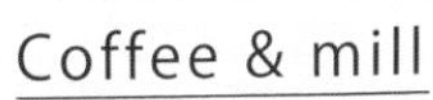

Coffee & mill

PORLEX 的手搖磨豆機，設計簡約，很適合露營用。把手可以拆卸，不占空間。至於研磨度當然可以調整。陶瓷製的刀片可以分解，清洗方便。

嘗試用石頭研磨咖啡豆

讀者大概想吐嘈：「喂喂，你是原始人嗎？」但也有這種只在野外才能辦到的研磨（敲碎）方法。用適當的布包起咖啡豆，然後就地取材拿起石頭敲碎。在家時終究不會這樣做，但在野外嘗試更有趣。

如果是要沖煮牛仔咖啡（→ P.78），這個方法或許才是正確的選擇。我在書上讀過牛仔們會用方巾包覆咖啡豆再敲碎，20 多歲時曾在登山時模仿過，但由於當時用的是捲在頭上的方巾，所以有自己的汗味……若要用滲濾式咖啡壺或法式濾壓壺等適合粗研磨的萃取器具來沖泡，用這個方法也可行。

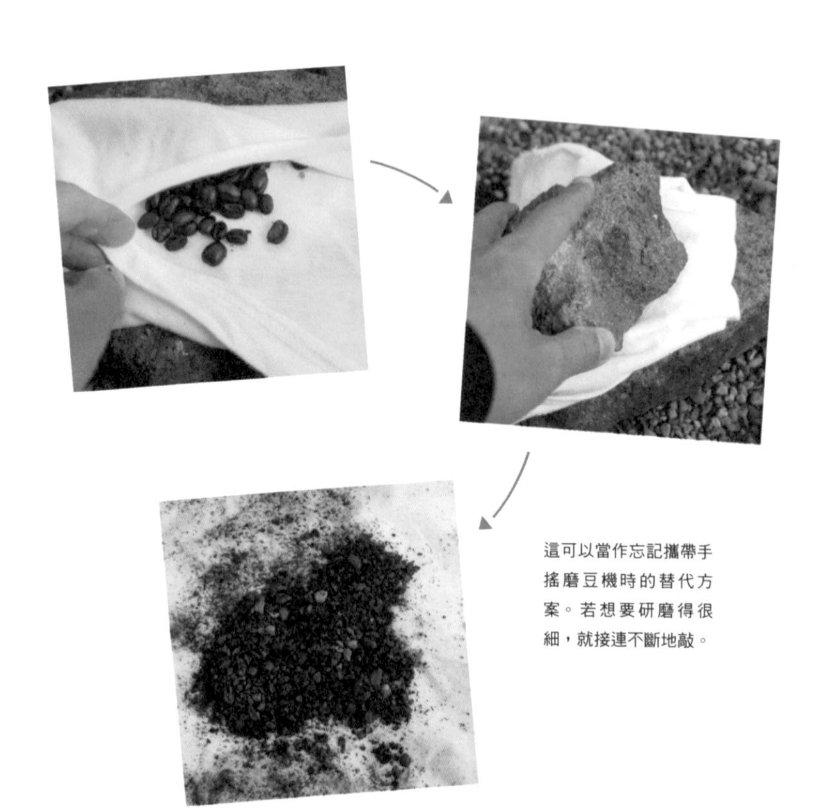

這可以當作忘記攜帶手搖磨豆機時的替代方案。若想要研磨得很細，就接連不斷地敲。

這種顆粒大小不均的情況也很棒。

Coffee & stone

渾圓狀的石頭最理想，在河床邊的露營場輕易就能找到。山裡不太容易找到這種圓石，所以建議嘗試各種石頭。許多國家公園都禁止攜出石頭，即使找到中意的石頭也請不要帶走。右圖是我在山中露營場找到的稜角石頭。

咖啡一般來說並沒有「極粗研磨」這個分類，但我認為若是露營咖啡，有這麼大的顆粒也無妨。這是手搖磨豆機磨不出來的大小。

「極粗研磨」才是露營咖啡的精髓

除此之外，我還推薦用石頭＋斧頭來敲碎咖啡豆。只要減少敲擊的次數，要做出「極粗研磨」也很簡單。尤其是牛仔咖啡，要是不用這種方法的話，反而會覺得有煮和沒煮一樣。顆粒越大，煮出來的咖啡就不會粉粉的，風味很乾淨。

這種咖啡喝起來會有顆粒混入口中，但這也可以當作一種口味來享用，某種意義上算是可以品味的「配料」。我從前曾經拍攝過米其林星級義式料理，主廚刻意不用研磨器磨胡椒粒，而是用菜刀切碎。他說：「顆粒不均才好吃！」令我印象深刻。或許兩者的道理是相通的。

假如要沖煮長時間用火加熱的牛仔咖啡，我建議用極粗研磨。使用琺瑯製的杯子或熱水壺，就能放在爐火上保溫和加熱，但是直接對嘴飲用時要小心燙傷嘴唇。

某個春日的露營場景。燻製適合在乾燥的季節進行。將兩個直徑（開口）25cm× 高29cm 的素陶花盆相疊，再貼上寬度約 1cm 的泡棉膠帶（可在百圓商店購買），以防煙從盆口的縫隙漏出來。煙燻材料使用燻木片，也能用來燻製咖啡以外的食物。

試著燻製咖啡豆

若用營火烘焙咖啡豆，會比平時更添煙燻味，更符合我自己的喜好。某次，我突然想到：「假如燻製已經烘焙過的咖啡豆會如何？」

我疊起兩個較大的花盆，再使用篩網和網子自己製作煙燻器具，這是我平時在陽台上用來燻製起司的工具。我直接拿它來燻製咖啡，和一般的燻製一樣都是在燻木片上點火，燻一個小時。如此一來，煙燻味確實會變得更強烈。我很喜歡它在滴漏時飄出來的獨特香味。

Coffee

&

smoke

我感覺表面積比咖啡豆大的咖啡粉更有煙燻效果。

在篩網上鋪廚房紙巾，然後放上咖啡粉。

若有焚火台（鍋架），要點燃營火或沖泡咖啡都會更輕鬆。只要和火焰保持適當距離，咖啡就不會冷掉。

歐洲等地有個習慣，會在升起營火時，將生的香草丟在熾火上，享受那種微微飄散的芳香。這給了我靈感，便在火上撒了咖啡粉，會飄出烘烤過的芳香味。

CHAPTER

03

萃取咖啡

咖啡的萃取和人際關係很相似。如何設定、安排「咖啡」和「熱水」兩者相遇的方式，在某種意義上是永遠的難題。這和人際關係一樣，在什麼狀況下相遇才是最好，大概沒有正確答案。當人與人相遇的方式不同，後續的關係會隨著改變，而咖啡的味道也是如此。

每人各有不同的萃取方法

咖啡的萃取方法大致分為兩種：滴濾式和浸漬式。滴濾式是讓熱水通過咖啡粉的方法，代表性例子為濾紙滴漏式咖啡，義式濃縮咖啡也屬於此類。相較之下，浸漬式則是在咖啡粉泡在熱水裡的狀態下萃取，法式濾壓壺、滲濾式咖啡壺 ※ 和牛仔咖啡都屬於此類。大家可以看當下的心情選擇萃取方式。

以下是我的提案，這些都是在戶外也能樂在其中的沖泡方式。

想要放心享用習慣的味道時

濾紙滴漏式 …… P. 75

想要待在營火旁時

滲濾式咖啡壺 …… P. 77

想要充分體驗終極的狂野感時

牛仔咖啡 …… P. 78

想來點專業的 or 想轉換心情時

直火式義式咖啡壺 …… P. 79

當營火形成適合的熾火時

土耳其咖啡 …… P. 80

想品味亞洲旅行氣氛時

越南咖啡 …… P. 81

我建議先從最基本的方式，也就是使用濾紙的手沖咖啡開始。

想要盡快
沖泡完成時

法式濾壓壺 …… P. 82

想要接受
苦澀味洗禮時

MugMate 咖啡 …… P. 83

在夏天露營，
想要提振心情時

冰咖啡 …… P. 84

※ 滲濾式咖啡壺的咖啡粉和熱水長時間接觸並循環，所以屬於浸漬式。

嘗試在山上沖泡咖啡

選擇咖啡豆

首先，你要先確定自己喜歡的口味。據說咖啡的味道大致由甜味、酸味、苦味與醇味組成，所以確認自己喜歡的比例很重要。順便一提，人到了戶外，喜愛的口味和在家時不同是常有的事。

研磨豆子

直接沖泡已經研磨好的咖啡豆當然沒問題，但在露營場使用手搖磨豆機研磨咖啡豆也別有一番樂趣。這樣做看似是白白給自己添麻煩和增加行李重量，但視萃取方法而定，研磨出來的顆粒粗細各有優缺點，自行調整更能泡出美味的咖啡。

燒開水

既然都要泡咖啡了，不妨連燒開水的方法和熱源也一起講究。最理想的火源仍然是營火。我認為，在露營時泡的咖啡，其醍醐味就是營火的煙燻味。至於火爐，除了瓦斯之外，使用石油或汽油當燃料的款式在近年也很受歡迎。因為需要預熱等前置作業，使用上和營火很像。

我希望大家能夠先在大自然中泡一杯咖啡。首先，請帶上你愛用的器具並走到戶外，這應該會是一趟特別的體驗。

4

選擇萃取方法

咖啡的泡法有很多種（→ P.70），例如使用濾紙的手沖咖啡、滴濾式的義式濃縮咖啡、浸漬式的法式濾壓咖啡等等。既然要用營火，我建議大家不妨挑戰使用滲濾式咖啡壺、土耳其咖啡或牛仔咖啡等家裡不常採用的方法。

選擇咖啡杯

要用什麼杯子來盛裝泡得美味的咖啡十分重要。我們在露營前的準備階段會仔細考慮要帶些什麼，所以一定會挑選自己有感情的東西。攜帶能讓自己感到幸福的物品是最好的。一般來說，琺瑯製或不鏽鋼製比較好用。陶器不但很重又容易摔破，人們在戶外往往會避免使用這類材質，但假如能帶來幸福感，帶陶器也行。

美味地享用

我認為，只要是在戶外喝的咖啡，沒有不美味的。我長年在露營時泡咖啡，不好喝的經驗就連一次都沒有。這或許是因為，在大自然包圍下，我對味道的包容度也變大了。即使戶外場地條件不見得好，但光是在戶外沖泡，完成的咖啡就是那麼令人著迷的存在。對我來說，露營時所泡的咖啡味道最棒了。

適合在戶外進行的
9 種推薦沖泡法

・所有食譜的材料分量都是一杯份。

・不同製造商的量匙分量不同，請務必事先確認。

1. 濾紙滴漏式

這是最受歡迎也最經典的咖啡沖泡法，先從這個方法開始吧！

［用具］

濾杯

濾紙

量匙

［材料］

咖啡粉…10 ～ 12g（從第二杯起，每多一杯就追加 10g）

熱水…約 150ml

［建議研磨度］

中研磨

［建議烘焙程度］

隨個人喜好

［做法］

1 將濾紙（→ P.76）鋪在濾杯上，倒入咖啡粉並輕敲邊緣，使咖啡粉的表面變平。

2 以畫兩次「の」字形的方式，往中心注入少量熱水（**a**），約 500 圓硬幣的大小。與其說是注水，更像是將熱水放在咖啡粉表面

3 等待 30 秒，咖啡粉會受到悶蒸而慢慢膨脹。接著，以畫「の」字形的方式，盡量以固定的速度細細地注水（**b**）。假如你喜歡濃重的苦味，就慢慢注水；喜歡微微苦味的話，便快速注水。

4 泡出一杯量之後，將濾杯從咖啡杯上移除。若讓所有熱水滴漏完畢，苦澀味就會變重。

【濾紙的折法】

圓錐濾紙的折法

a

b

沿著濾紙接合處那一側折一次（a）。折幅（b）視使用的濾杯頂部內緣大小而定。

梯形濾紙（Kalita 和 Melitta）的折法

a

b

c

底部和側邊各有一處接合處。先折底部的接合處（a），接著翻面，再折側邊的接合處（b）。用手撐開濾紙內側，將底部的角捏尖（c）。如此就會變得立體，能貼合濾杯的形狀。

2. 滲濾式咖啡壺

若你喜歡營火，就少不了這個沖泡法。看著熱水在壺內循環和沸騰的樣子頗具樂趣。

［**用具**］
滲濾式咖啡壺
量匙
［**材料**］
咖啡粉…適量（約為咖啡壺內部濾網的一半）
水…適量
［**建議研磨度**］
粗研磨
［**建議烘焙程度**］
深烘焙

a

［**做法**］

1 將咖啡粉倒入滲濾式咖啡壺內部的濾網（a）。按照熱水壺的杯量標示加入冷水，再將濾網放回去。蓋上濾網和咖啡壺的蓋子，放在火上加熱。

b

2 當水沸騰，蒸汽壓會吸起熱水，可以聽到熱水循環時的聲音。從透明的握把確認咖啡的顏色（b），煮到喜歡的濃度後就將咖啡壺從火上移開。長時間加熱會跑出苦澀味，不喜歡的人加熱 5 分鐘以內即可。

3. 牛仔咖啡

就我所知，這是最狂野的沖泡方式，泡出來的咖啡味道充滿營火的氛圍。順便一提，瑞典自古就有一種名叫「kokkaffe」的沖煮法，是同樣的方式。

[**用具**]
小鍋子
量匙

[**材料**]
咖啡粉…15 ～ 20g
水…200 ～ 300ml

[**建議研磨度**]
極粗研磨

[**建議烘焙程度**]
依個人喜好

・真正的牛仔似乎喜歡淺烘焙（有各種說法）。

a

[**做法**]

1 在小鍋子裡放入咖啡粉和水（**a**）。

b

2 蓋上蓋子，放在營火上加熱直到沸騰，煮個 3 ～ 5 分鐘（**b**）。將鍋子從火上移開，稍微靜置後咖啡粉會沉澱，將上層的清澈咖啡倒進咖啡杯。

4.直火式義式咖啡壺（Macchinetta）

用營火沖泡出來的咖啡往往擁有滿滿的狂野感，但這一款不同。請品嘗宛如義大利的「Bar*」那樣的都會風味。

［用具］

直火式義式咖啡壺

量匙

［材料］

咖啡粉…適量（依循製造商的標示）

水…適量（依循製造商的標示）

［建議研磨度］

細研磨

［建議烘焙程度］

深烘焙

a

b

［做法］

1 在下壺加入水，在濾網中加入咖啡粉（a）。直火式不能用力壓實咖啡粉，水量則是要低於安全閥。

2 裝上上壺，將咖啡壺放在火上加熱。萃取出來的義式濃縮咖啡會累積在上方上壺，發出咕嘟咕嘟的聲音。

3 萃取完畢後，將咖啡壺從火上移開，接著把咖啡倒入杯裡（b）。如果沖泡得好，將會出現咖啡脂（Crema，細緻的泡沫），但也要視機器的性能和咖啡豆的新鮮度而定。

＊譯註：在義大利，「Bar」一詞指的是提供輕食、咖啡和酒類的商店。

5. 土耳其咖啡

做法和牛仔咖啡很相似，味道濃醇卻又洗鍊。因為苦味強烈，可以加入許多砂糖。沖泡祕訣是使用極細研磨，並抓準沸騰的時機。

[用具]
土耳其壺（Ibrik）
（可使用長柄小鍋代替）
茶匙

[材料]
咖啡粉…10 ～ 15g
水…150 ～ 200ml
砂糖……適量

[建議研磨度]
極細研磨

[建議烘焙程度]
深烘焙

・用營火時，熾火較好用。

a

b

[做法]

1 在小鍋裡放入咖啡粉、砂糖及水（a）。

2 將小鍋放在火上，用茶匙一邊攪拌，一邊煮到沸騰（b）。水滾了之後就將鍋子從火上移開。

3 用茶匙輕輕攪拌，再次加熱。

4 重複步驟 **2**、**3** 兩到三次。

5 將咖啡倒入杯子，稍微等粉末沉澱後即可飲用。

6. 越南咖啡

這乍看之下像是滴濾式，但其實是浸漬式，這種獨特性很突出。味道喝起來讓人覺得是義式濃縮咖啡。做法簡便，卻能享用到道地的咖啡。

[**用具**]
越南濾杯
小型耐熱玻璃杯
茶匙

[**材料**]
咖啡粉…10 ～ 15g
熱水…約 120ml
煉乳…適量（約為玻璃杯的 1/4）

[**建議研磨度**]
中研磨

[**建議烘焙程度**]
深烘焙

a

[**做法**]

1 將咖啡粉倒入濾網（**a**），用內蓋用力將咖啡粉壓實。

b

2 在玻璃杯中加入煉乳。將濾杯放在玻璃杯上面，注入少量熱水，悶蒸約 30 秒之後，注入所有剩餘的熱水（**b**），蓋上蓋子。

3 等待 5 ～ 10 分鐘，直到咖啡萃取出來。

4 移除濾杯，一邊用茶匙攪拌煉乳一邊喝。

7. 法式濾壓壺

在日本，人們對法式濾壓壺的印象偏向用來泡紅茶，但在歐美較風行用它來泡咖啡。用它泡出來的風味，在浸漬式中屬於清新的。

[用具]
法式濾壓壺
茶匙

[材料]
咖啡粉…約 15g
熱水…約 150ml

[建議研磨度]
粗研磨

[建議烘焙程度]
中烘焙～深烘焙

a

[做法]

1 將咖啡粉倒入法式濾壓壺，注入熱水（a）。用茶匙輕輕攪拌，使粉末溶入熱水。
2 將蓋子部分的金屬濾網往上拉，就此蓋上蓋子，等待 4 分鐘。

b

3 慢慢將金屬濾網向下壓。注意速度不要太快，否則咖啡粉會浮起。倒進杯子時也要慢慢來（b）。

8.MugMate 咖啡

美國的背包客似乎會帶著它旅行。將咖啡粉整個浸泡下去的做法實在很狂野。

［用具］

MSR·Mugmate 咖啡濾網

量匙

［材料］

咖啡粉…約 15g

熱水…約 200ml

［建議研磨度］

粗研磨

［建議烘焙程度］

依個人喜好

［做法］

1 將濾網放進馬克杯裡，倒入咖啡粉，注入熱水（a）。

2 蓋上蓋子，等待 3 分鐘。

3 在蓋子蓋上的情況下拿起濾網就完成了（b）。

9. 冰咖啡

只要使用能溶於冷水的即溶咖啡，就連很費工夫的冰咖啡，泡起來也會一口氣變輕鬆，請務必在夏日露營時嘗試！

[用具]

梅森罐（或玻璃杯）

吸管

茶匙

[材料]

即溶咖啡（容易溶於冷水的種類）……適量（依循廠商標示）

冷水……適量

冰塊……適量

a

[做法]

1 在玻璃容器中加入冰塊、冷水和即溶咖啡粉（a）。

b

2 仔細拌勻到粉末溶解為止（b）。 使用梅森罐時，可蓋上蓋子並插吸管。

拍攝於初秋的八之岳山腳下。乾冷的空氣讓我想起過去曾造訪的義大利托斯卡納，因此依照這一天的心情泡了義式濃縮咖啡。

推薦的戶外咖啡用具

形狀和用途形形色色的咖啡萃取工具

一旦要思考咖啡的沖泡方法究竟有幾種，我就頭昏腦脹，恐怕沒有人能掌握答案吧！這世界上就是存在這麼多種五花八門的沖泡方法。明明只有咖啡和熱水這兩樣東西而已，人們竟然能想到這麼多的方法，真是令人佩服。即使使用相同的器具，但不同國家與地區的做法往往不一樣，讓我感受到人們對咖啡的愛，或說執著。

a. 露營場的貴婦：Chemex 手沖咖啡濾壺。／ b. 珐瑯製的小鍋。除了用來沖泡牛仔咖啡之外，還可用作拉麵鍋。／ c.IKEA 的直火式義式咖啡壺。因為價錢便宜，即使弄髒了也不在意。／ d.MIRRO 的滲濾式咖啡壺，當作熱水壺也很好用。／ e. 大創（DAISO）的法式濾壓壺，以日幣 500 圓的價格購買。若要在戶外輕鬆使用，可考慮選擇這種便宜貨。／ f.Kalita 的 Caffe Tall 濾杯，最輕巧、最小的款式。在野外，鮮艷的顏色才不容易弄丟。／ g. 用於越南咖啡的濾杯，在東南亞雜貨店有賣，售價幾百日圓。／ h. 油鍋，在波蘭的跳蚤市場找到的，我用它來代替土耳其咖啡的鍋子。／ i.RIVERS 濾杯，一般是梯形，但這是圓錐形。因應翻面後肋槽形狀的差異，能喝到不同的味道。橡膠製，可折疊攜帶。／ j. 用於 i 的濾杯架。／ k. 無商標玻璃製滴漏壺，附有把手，倒起來很輕鬆。／ l.MSR 的 MugMate 咖啡濾網，也可用來泡紅茶。／ m. 彈簧濾杯，不使用時可以壓平，不占空間。

本書介紹的器具只是一部分。我認為，透過多次親手沖泡來找出屬於自己的味道，才是找到原創沖泡方式的最佳方法。

我在國內外旅行時，只要時間允許，我就會到處尋找咖啡器具，最大的目標是跳蚤市場，我經常在那裡遇到沒看過的沖泡方式。一旦開始收集器具，就會越陷越深也是事實，我稱之為「咖啡泥沼」。

保溫杯就是為了
戲劇化的這一瞬間

在戶外的一大煩惱是「熱咖啡很快就會冷掉」。在秋冬等氣溫比較低的季節，即使已經事先燙過濾杯和咖啡杯，北風較強等情況下還是很快就會冷卻。

這時候，我會直接把咖啡滴漏在保溫杯裡。只要用少量熱水將濾杯和保溫杯燙過，就能在幾乎不會冷掉的情況下滴漏。個人感覺材質較厚的圓錐形濾杯最不容易讓咖啡冷掉。

滴漏結束之後，不僅能夠直接用保溫杯代替馬克杯飲用，還可以蓋上蓋子攜帶，邊走邊喝。順便一提，由於林木線（tree line）附近等地很難將水煮滾，所以在登山界，很多人除了水壺之外，還會再帶保溫杯。對想在山頂喝一口熱咖啡的人來說，保溫杯是最棒的夥伴。

露營時也經常會遇到這種情景，例如在自己的露營據點看夕陽看到入神的瞬間，或是手指在冬天露營時凍僵、因此打壞心情的瞬間……事先在保溫杯裡裝入熱騰騰的咖啡，就是為了這種時刻。

無論什麼情境，只要喝一口熱咖啡，戶外場景就會莫名變得戲劇化。有這種想法的難道就只有我而已嗎？

保溫杯的品牌是 KINTO，濾杯則是 RIVERS（橡膠製）。它開口很大，能放進冰塊，只要使用即溶咖啡粉，馬上就能泡出冰咖啡。無論冬天或夏天都很活躍。

即溶咖啡亦無不可

即溶咖啡也擁有難以捨棄的魅力，特別是身處戶外的場合，它的便利性更是能幫上大忙。

舉例來說，當天氣不佳時，即使覺得在雨中沖煮咖啡豆和咖啡粉很麻煩而想放棄，仍然會轉念、想著那不然就來泡杯即溶咖啡吧，於是便更加體會到咖啡的美味。對於在雨中冷透的身體而言，這樣的一杯咖啡實在太好喝了。我自己也有好幾次被即溶咖啡給拯救的經驗。

「與其不能沖煮，不如來泡一杯即溶。」這是我為了在天氣惡劣時鼓勵自己而想出來的座右銘。

此外，我也很推薦最近常見的咖啡包。它和紅茶的茶包一樣是浸泡在熱水裡萃取的形式，總之就是簡單又方便。由於有個別包裝，即使下雨也不怕淋濕，這點令人開心。

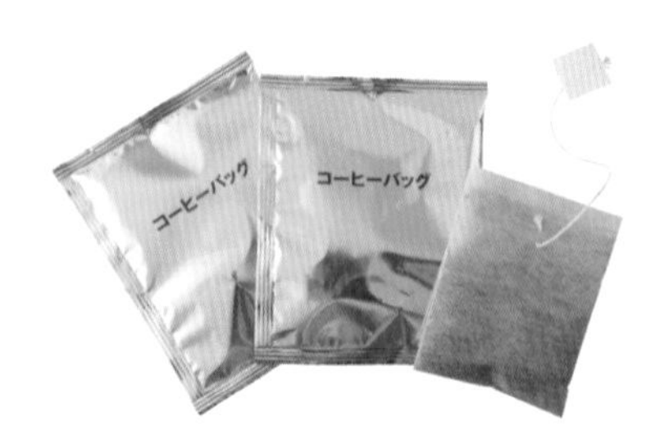

無印良品的咖啡包。是浸漬式，和紅茶茶包的使用方法相同。另外還有販售冷萃用的產品。

〈INDOCAFE〉（Original Blend）（上），苦味強烈，風味濃郁，很推薦在戶外喝，加入牛奶也很適合。〈Blendy〉（味之素 AGF）（右）即溶咖啡也是我很喜歡的品牌，遇到冷水能快速溶解，是沖泡冰咖啡的強力夥伴。

題外話

偶爾也想喝紅茶

其實，我直到30歲之前都是紅茶派，深信「在山裡不可能喝紅茶以外的東西」。我求學時期隸屬的登山社有著「在山裡喝的茶唯有紅茶」的傳統（但為何會有這種傳統至今還是不明），雖然並沒有特別禁止喝咖啡，但由於一開始在山裡就是喝紅茶，所以紅茶對我來說是最理所當然的。有一次，曾有學弟妹連磨豆機都帶來，在登山的過程中為我泡了咖啡，但我依然記得當時不太能接受。

現在回想起來，這很可能是因為登山時流汗量大，休息時喝的茶是水分補給來源，而好喝的紅茶也比較適合大口暢飲。

基於上述因素，我至今去到山上也會非常想喝紅茶。紅茶的優點是不像咖啡那麼重，而且很溫和。不過，我個人從以前到現在，泡紅茶時的方法就只有茶包一種，因為很簡便，一天可以喝好幾杯，我認為這就是紅茶最大的魅力。

離題一下，用泡過的茶包代替海綿來擦拭使用過的餐具，不需要清潔劑就能洗得相對乾淨。雖然我現在已經不會這麼做了，但求學時期總是如此。

紅茶雖然只是紅茶，但其實很深奧。不過，只要使用平常的茶包沖泡，就不太會有人賣弄知識，這點和咖啡不同，我很喜歡。

CHAPTER

04

沖泡咖啡的水與火

我建議大家查查看露營場附近有沒有知名水源地。既然要遠離城市前往大自然，這是個與好喝的水相遇的機會。若講究水和熱源，享用咖啡的方式就能更加廣泛。請大家視當天的心情和情境，分別運用營火或各種火爐。

尋找優質水源

若是山間的露營場，在前往的路途中發現知名湧泉地的機會並不在少數，這是因為山裡到處都能看到湧泉。富士山的伏流水很有名，但只要仔細尋找，其他地區應該也能找到不為人知的優質湧水。至少我認為，在山中露營場汲取到的水，即使是自來水，也比大城市裡的自來水美味得多。

我經常去的八之岳山腳也是四處都有湧泉地點，尤其南邊山腳地帶更被指定為名水百選之一，有掛保證。此外，它的西側接近南阿爾卑斯山脈，白州地區還有講究水源的飲料工廠，是以優質的水源聲名遠播的地域。因此，每當我去露營時一定會繞過去汲水。我認為，如果想要泡出好喝的咖啡，水源果然還是不可忽視的一環。

留有歲月痕跡的勺子柄證明了此處受到眾人喜愛。冰冷的泉水從地面上汩汩湧出。

攝於八之岳某處。這裡的流水並不適合飲用，但就算是為了氣氛，汲取個意思意思也好。
今天也要為美味的水乾杯！

位於八之岳南側山腳「名水百選地區」的湧泉之一。我在某個夏日到這裡來取水的時候，就看到當地人紛紛帶著大型儲水桶前來汲水。

在夏季的炎熱日子去汲水時，會對湧泉的冰涼感到吃驚，甚至連不鏽鋼水壺表面都凝結了水珠。

只要有平時的咖啡粉和茶包，就能立刻沖泡冷萃咖啡。市面上有販售無印良品等牌子的冷萃咖啡包（2022 年時），攜帶這種咖啡包去露營也無妨。

風味純淨的冷萃咖啡

若能在露營場附近汲取到好水，我一定會沖泡冷萃咖啡。要品嘗好水的原味，果然要選擇這個方式。純淨的風味原本就是冷萃咖啡的特色，如果希望更加重視水的美味度，這是最好的方法。

在茶包裡放入 30g 咖啡粉（推薦用深烘焙），和 300ml 的水一起泡在水壺裡，靜置一個晚上，隔天早上極致的咖啡就完成了。

※ 被評為好水的天然湧泉或水源不一定都能直接飲用，請向所在地的管轄機關諮詢。此外，即使平時能夠飲用，但水質可能會因為水量增加等原因而產生變化。飲用前請自行判斷，並自負全責。不確定時建議加以煮沸消毒。

如果有桶裝水的話，就不必多次到露營場的供水區取水。我喜愛的桶裝水品牌是印度的「MINTAGE」，渾圓的外型很可愛。我曾聽說印度的自來水系統不夠完善，因此桶裝水產業十分發達。

令人忍不住蒐集的各種水壺

對我來說，在戶外攜帶美味的水，曾經是個長時間無法解決的課題。

距今 30 多年前的求學時代，還沒有如今已成為基本款的 Nalgene 和 KleanKanteen 水壺。當時雖然有瑞士的 SIGG 容器，但我印象中它原本是專門用來盛裝汽油等燃料。若想在山裡喝到美味的水，除了 Le grand tetras 和 MARKILL 等歐洲公司製造的鋁製水壺之外幾乎沒得選，而它們對學生而言很昂貴。最後，我和同伴都選擇使用便宜的 PE 水桶，功能雖不遜色，但有種塑膠味，喝起來總是不覺得美味。

從前，要在山裡取得美味的水實在很困難。基於上述經驗，Nalgene 水壺和 KleanKanteen 水壺的問世為我帶來衝擊，不但沒有臭味，瓶口還很大，容易清洗。能放冰塊也令我很感動，蓋子能轉得很緊，不必再擔心攜帶時漏水了。

因為求學時期有過這些經歷，所以我現在看到新款的水壺仍然會忍不住購買。回過神來，家裡已經有了各式各樣的水壺。

左起分別為 KleanKanteen 水壺（大）、Nalgene 水壺、Mont-bell、SIGG、KleanKanteen 水壺（小）。SIGG 水壺是鋁製，而 KleanKanteen 水壺是不鏽鋼製，也有些強者會拿掉蓋子，將它直接放在營火上燒開水。

最棒的熱源依然是營火

若要沖煮咖啡，首先得燒開水。那麼，要選擇什麼當熱源？這對露營者來說或許是永遠的課題。

有人會說：「無論用什麼燒，開水就是開水吧？」確實沒錯，但我還是想要講究一點。假如是用來煮飯或燒菜的熱源，就是以實用優先，將選項限制在容易使用的露營卡式爐也無妨，但換成要燒沖煮咖啡用的熱水，我還是希望能夠更加講究一點。這肯定和茶道的茶釜是相同道理。這麼一想，就會得到「露營咖啡的最佳熱源仍然是營火」的結論。

為了品嘗一杯咖啡，點燃柴火、放上茶壺、慢慢滴漏，接著一邊欣賞營火一邊慢慢享用。這應該是最至高無上的咖啡場景吧！我認為，在野外泡咖啡，有著和茶道的野外茶會「野點」共通的趣味性。想到這裡，我果然還是會希望使用不光只是講求效率的熱源。

想要喘口氣，就喝杯咖啡。想讓心休息，就點燃營火。在露營時所喝的咖啡同時滿足這兩個條件。

我的祖父終其一生在八之岳山腳度過，他曾說：「若想親近火，就要小小地燒。」營火始終都要最小限度地燒最好。

我認為，營火真正的樂趣在於柴火的火焰退去、變成熾火之後。尤其是當你和伴侶或朋友一起去露營時，我希望你能特別珍惜這段時光。營火會影響我們的心，人看到營火總會變得莫名多愁善感，會吐露平常說不出口的話。電影《站在我這邊》（Stand by Me）當中，也有一群少年在營火前坦承祕密的一幕。只要還留有一些熾火，黃昏時的咖啡時光便是最極致的。熱水壺和杯子只要放在熾火旁就好，無論心靈或咖啡都不會冷卻。

我推薦的 2 款簡便火源工具

同時可兼作燃料盒子的鍋架，尺寸小巧到可以折疊成盒狀，放入襯衫的口袋裡。只要再準備一個露營杯，原則上就能燒開水。

最小的熱源「Esbit」與露營杯

如同前頁所述，要燒開水有很多方法，我認為最簡單的組合是德國的 Esbit 登山固態燃料和鍋架。Trangia 酒精爐和液態燃料的組合雖然也很單純，但攜帶時得擔心酒精外漏。個人認為 Esbit 登山固態燃料較好，它的自燃溫度高達 400 度，自燃或著火的危險性很低。而且，即使粗魯地對待它，在登山背包底部染上了濕氣還是能順利點燃，相當可靠，能理解軍隊為什麼會使用它。

用熱水壺燒開水時，將馬克杯放在旁邊就能保溫。隔熱桌板本身也有溫度，泡了咖啡之後不易冷卻。

值得推薦的火力強大瓦斯爐「ST-310」

「SOTO 迷你蜘蛛爐 ST-310」在獨自露營者中是一款很受歡迎的瓦斯爐，大家只要用過一次，應該就能理解它受歡迎的原因。首先，它能夠折疊得很小，收納輕鬆。使用時，鍋架會大大打開，重心偏低，即使放上熱水壺也很穩當。此外，它火力強大，使用卡式瓦斯罐當作燃料，還有容易買到也是它的魅力之一。

因為它很受歡迎，除了原廠公司貨之外還有販售各種配件，能夠依照自己的喜好搭配。若在亞馬遜網站上搜尋 ST-310 的相關配件，就會跑出多到數不清的各種商品。

在那之中，我很推薦的就是隔熱桌板，它可以當作小桌子使用，對於沖泡一杯咖啡來說大小剛剛好。這兩樣工具說不定是能夠快速泡出咖啡的最強組合。

使用復古汽化爐，享受費工夫的樂趣

我愛用的汽化爐是 Optimus（來自瑞典）的 8R。它是一款知名的汽化爐，有很多愛用者，但現在已經不再販售了。

我第一次遇見這款汽化爐是在高中一年級的春假，當時我 16 歲。我現在還會想起，自己拿著打工的薪水，興沖沖地跑去鎮上唯一的登山用品店購買，結果店員大哥說：「其實汽化爐是不可以賣給高中生的耶。」我知道高中登山社使用的是煤油爐，但當年的我還搞不太清楚煤油爐與汽化爐的差別。最後雖然順利買到，但現在回想起來就能理解，汽化爐對高中生來說確實有些危險。

汽油揮發性極佳，稍微使用不當就很危險，我甚至曾經不小心讓汽化爐整個燒起來，差點連帳篷都燒掉。升上大學之後，我已經用慣了汽化爐，它成為我不可或缺的山中夥伴。油壺是黃銅製，用得越習慣越有味道。

有時候我心情不好，又因為好幾次都無法順利點燃而被氣到想哭，但和它相處久了之後，就迷上它那頗具人味的內燃機的魅力。

它的暱稱是「便當盒」。光是看到這個藍色小盒子，我高中時那些無從發洩的日子，以及嚮往高山的昂揚感就會瞬間復甦。我甚至覺得，那些回憶為咖啡增添了甜味和苦味（照片中的爐子是第 2 代）。

它那「沃沃沃」的燃燒聲很特別。用慣了之後，甚至能從這聲音判斷爐子的狀況好壞。聽到它安定的燃燒聲，自己的心也會冷靜下來。它是暴風雨中的精神安定劑，那種會影響自身情緒的有血有肉感，也是瓦斯爐所欠缺的一種魅力。

討人喜歡的經典煤油爐

有時候，我已經搞不清楚，自己究竟是想喝咖啡才用這個爐子，抑或是把喝咖啡當作使用這個爐子的藉口。

我是過了 50 歲之後才入手煤油爐，機種是 Primus（來自瑞典）的 No.96。它不是當代的產品，竟然是在半世紀前就已經製造出來了。大家用用看就知道，它比上一頁的汽化爐更難使用。畢竟是有年代的產物，用起來並不容易。

一旦弄錯預熱和加壓的平衡就很難點燃，而且平時需要保養。雖然我經常被它搞得心情不好，但就連這一點都很可愛。

若將瓦斯爐比喻成電動車，經典的煤油爐就是往年的名車，甚至連更換用的零件都很難到手。經過一番苦戰更換零件，這種心境或許就和深愛老爺車的人一樣。但它一旦點燃，火力就很安定，不輸給瓦斯爐或汽化爐。

像是餅乾罐般可愛的盒子裡，收納著各別拆開的零件，屬於每次使用時都要組裝的款式。幫浦襯墊的材質不是橡膠，至今仍使用皮革。火力大小由打氣幫浦的內部氣壓調整。

單手就能搬運的柴火爐

說到柴火爐，大家往往會聯想到山中小屋裡那種巨大的壁爐，但近幾年有小到讓人驚訝的款式。這裡要介紹的柴火爐相當輕盈且精巧，小到單手就能搬運。

它是將美軍剩餘不用的彈藥箱作為基底、進而改造成柴火爐，網路上有在賣個人製作的產品。它乍看之下只是個工具箱，讓人擔心這麼小是否真的有辦法把火給點起來，但內部設計了風門（Dunbar），能燃起相當大的火。

柴火爐的燃燒效率比營火更好，少少的柴火就夠用。一旦火點燃了就只要加柴火就好，管理起來很輕鬆。此外，它還有煙囪，眼睛不會直接被煙燻到（參考下頁）。假如帳篷有專用的煙囪孔，只要注意通風，也可以在帳篷內燃燒。而它頂部當然設有放置熱水壺的空間，就連沖泡咖啡用的熱水都能順利燒好。

儘管很小，但它底部設計了能增進燃燒效率的氣孔。

攝於 11 月上旬的高原。當天氣變冷，就會想要有個柴火爐取暖。露營給人一種夏日活動的印象，但我個人認為秋冬是露營的最佳季節，而且也不必擔心蚊蟲。

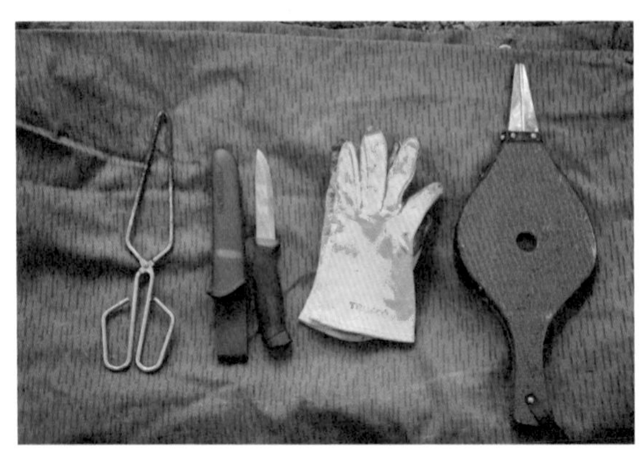

營火器具。左起依序為火鉗、瑞典刀、皮革手套和風箱。

為了泡一杯咖啡而劈柴、生火。刻意費工夫，其實是種最棒的奢侈。照片中下方的瑞典刀是來自瑞典的萬用刀，雖便宜但性能非常好，連柴火都能劈開。

Column

咖啡&露營的
攝影技巧講座

我平時從事料理攝影師的工作，在這裡，我就來傳授在露營場立刻就能實踐的拍照技巧。

拍攝咖啡

在飲料中有兩樣東西最難拍攝，一是紅酒，二是咖啡，兩者顏色都很深，難以拍出質感。尤其咖啡若用一般的拍法，看起來就只是黑黑一塊。不過，還是有幾個解決方法。

●讓咖啡表面反光

站在有點逆光的位置，尋找陽光反射的角度，鏡頭對準那裡（左）。有時候，也可以加入牛奶增添變化（右）。

●換個適合的杯子

廣口的杯子會反光，比較好拍。以書中的例子來說，就是芬蘭原木杯或露營杯（左）。太深的杯子很難反光，不好拍照（右）。

●瞄準傾倒的瞬間

稍微拍到手會有動態感，還能傳達出有人的氣息。從比平常高一點的位置傾倒就美得像畫。

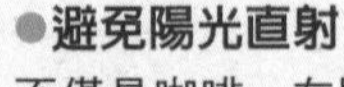

●避免陽光直射

不僅是咖啡，在野外拍照時，原則上要避開強烈的太陽光。晴天時，不妨將杯子放在樹蔭下拍照，背景要能感受到光的層次。

拍攝營火

●拍攝的時間點

拍攝營火的最佳時段是「魔幻時刻」（Magic Hour，亦即日出和日落前後的時段）。營火本身的火光和環境光（ambient light）兩者會融合出很棒的效果。本範例中的法國長棍麵包拜環境光之賜，拍出了質感（左）。若在中午時拍攝，只要避開直射的陽光，營火就會呈現橘色（右）。

●抓準蒸汽的煙霧感

即使是專業的料理攝影師，每次要拍攝蒸汽的時候還是可能感到苦惱。容易出現蒸汽的環境是氣溫較低的早晨和夜晚，至於構圖的必備條件則是蒸汽背後要有黑色物體。此外，稍微有點逆光和反光才理想。要拍攝杯子的蒸汽比熱水壺困難。

拍攝露營用具

●整齊地排好

我建議採用名叫「Knolling」的傳統拍照法，這是一種將多樣物品有規則地排列，從正上方拍攝的方法。這種方法能均等呈現物品，很常用於雜誌等領域。至於排列的技巧則是將質感或形狀相近的物體分門別類。

●腳邊意外新鮮

人們在露營場時經常抬頭看頭上的林木，進而疏忽了腳邊。若以地面為背景，平常看慣的物品就會產生新鮮感。

●偶爾也要拉遠一點

人在拍攝咖啡器具時往往會忍不住靠近，但有時候連周遭環境都拍進去也別有一番樂趣。不是拍物品，而是刻意拍出一張露營場景的照片。

CHAPTER 05

花式咖啡與點心

你有沒有熟人某天突然改變髮型或打扮，外表看起來突然變得很新鮮的經驗呢？你會發現，原來他也有這樣的一面。適合咖啡的零食和花式變化也跟這個很相似。端起咖啡杯之後，會讓人很想對它說一句：「原來你也有這一面啊？」

平時的咖啡＋ α ，開啟新世界

有一塊領域稱為「花式咖啡」。

如果要先言簡意賅地說明，我認為它可以說是咖啡風味變化的一種。在某些國家和地區，花式咖啡往往才是傳統的喝法，而這樣的情況並不罕見。我到國外旅遊時，有時候也會因為「原來咖啡還有這樣的喝法！」而大吃一驚。旅行的魅力之一，就在於會顛覆自己的常識，而旅遊地點的咖啡風味也能說是相同的道理。從一杯咖啡中，可以窺見該國或該地區的飲食文化、歷史和民俗性。

去露營時，我會想要挑戰平常在家時不太會嘗試的花式咖啡，這一點就連我自己也覺得不可思議。這或許是因為，露營這種行為本身就介於「日常」與「旅遊這種非日常」之間。平時喝慣的味道當然要保持，在這樣的前提上品嘗和平時稍微不同的咖啡風味，這麼做應該能營造出一段遠離日常的特別時光。

就這層意義來說，花式咖啡或許可算是一場杯中的小小旅行。

Coffee & Marshmallow
咖啡＋烤棉花糖

說到用營火享用的點心，首先我會想到烤棉花糖。我平時明明不吃棉花糖，但不知為何偏偏只愛這樣吃。把烤得有點焦的溫熱棉花糖放進咖啡裡，融化的棉花糖口感軟綿綿的，讓人想到卡布奇諾。這時建議搭配較苦的咖啡，也可以撒上可可粉或肉桂粉。

Coffee & Whipped cream

咖啡＋鮮奶油

要在野外製作鮮奶油難如登天，但若使用噴式鮮奶油的話，只要噴一下就可完成。噴式鮮奶油在開封前多半能夠常溫保存，是露營的好幫手。維也納咖啡瞬間即可完成。鮮奶油有加蓋效果，讓咖啡不容易冷掉。再削一些巧克力片灑上去，拍起照來就更加上相了。

Coffee & Caramel

咖啡＋牛奶糖

如同以前流行過咖啡牛奶糖，最近焦糖瑪奇朵很受歡迎，咖啡和牛奶糖兩者的契合度讓人無話可說，簡直就是咖啡和點心的最佳拍檔！

Coffee & Jam
咖啡＋果醬

這是一種最簡便的花式咖啡。請大家先從草莓果醬開始嘗試，我特別推薦用它來搭配苦味強烈的咖啡。若想要壓下甜味並增添酸味，不妨加入蘋果果醬。像在喝俄羅斯紅茶似的，一邊喝咖啡，一邊舔湯匙上的果醬也很有樂趣。

Coffee & Cheese
咖啡＋起司

北歐有種名叫「kaffeost」的喝法，是在咖啡中加入起司。咖啡和起司的組合令人意外，但實際嘗試後的確會上癮。將起司混入咖啡裡，或是用湯匙盛著浸泡並食用。起司建議用硬式的。因為是發酵食品，所以起司和具有酸味的咖啡很契合。

Coffee & Honey

咖啡＋蜂蜜

我因為喜歡蜂蜜而開始養蜂，對我來說，咖啡也少不了蜂蜜。個人喜歡乳脂狀的三葉草蜂蜜，它融化速度慢，可以品嘗到口味的變化。我建議大家使用沉睡在廚房角落、已經凝固的蜂蜜，它很適合加入咖啡，融化時的口感美味極了。

蜂巢蜜也很推薦。以前只有在專賣店才買得到，但近幾年就連大型超市和網路商城都有在賣。除了混進咖啡之外，一邊浸泡，一邊品嘗蜂巢蜜本身也不錯。蜜蠟會在口中形成咖啡味的口香糖口感。

Coffee & Spice
咖啡＋香料

在中東文化圈，在咖啡裡加入黑胡椒是很流行的喝法。雖然直接加入黑胡椒粒也可以，但用研磨器磨成粗顆粒會散發香味，我很喜歡。想要稍微轉換心情或來點刺激時，加點香料會讓喝慣的咖啡呈現出不同的風貌。和咖啡研磨器一樣，若將喜愛的胡椒研磨器帶在身邊，心情就會為之一振。照片中的是土耳其製。

我喜歡的 2 種砂糖。圖右是菲律賓產、使用甘蔗製成的有機黑砂糖，能夠聞到甘蔗的濃厚香味。圖左是法國 LA PERRUCHE 鸚鵡牌的琥珀紅糖。雖然它不容易溶解，但請大家刻意不用湯匙攪拌，品嘗那慢慢擴散開來的甜味。

我推薦的濃厚黑砂糖

愛吃甜食的我，也很愛喝甜的咖啡。放眼世界，義大利的義式濃縮咖啡、土耳其的土耳其咖啡一般也都會加入砂糖，因此砂糖和奶精一樣，絕對是人們最熟悉的咖啡伴侶之一。我以前到義大利旅行時聽過一句話：「一杯義式濃縮咖啡不僅需要苦味，還需要甜味，就和人生一樣。」每當我為咖啡加入砂糖時，總會想起這句話。

我喜歡的砂糖種類是紅糖，其中尤其喜歡黑砂糖。首先，從罐子裡倒出時的香味就很不一樣，那是一種溫和的甘甜氣味，味道也很濃醇。

黑咖啡派的人請當作被我騙一次，試著在咖啡裡加入紅糖（可以接受的話，最好是黑砂糖）。你有很大的機率再也回不去。

・日本所說的「紅糖」是三溫糖、黑砂糖和黍砂糖（きび砂糖） 等褐色砂糖的總稱，這裡是指低精製的糖。

莫名有種懷念感的牛奶壺，能營造出在純喫茶品嘗牛奶時的氛圍。

若要加入牛奶，請在當地取得

我雖然也喜歡喝黑咖啡，但是不是只有我會因為一天之內喝了太多次而感到胃部負擔過重呢？尤其在去露營的早晨，我喜歡在咖啡裡加入許多牛奶來喝，像在喝濃醇的奶茶。在富士山或八之岳等高原的露營場附近有許多牧場，當地的超市有販售在大城市裡不太常見的牛奶，很多包裝都很可愛，光是這樣就很有樂趣。尤其澤西牛奶又濃又甜，我看到時一定會買。用法式濾壓壺泡的咖啡和牛奶很契合，所以我會加入牛奶來喝。

去露營時，我一定會攜帶在純喫茶店家很常見到的牛奶壺。老實說，它並不是非帶不可的東西，但用它倒牛奶總覺得好喝許多，就連粗野的露營咖啡場景都變得優雅。

咖啡＋點心讓「Hygge」度上升

在北歐的丹麥，有個表達日常生活安適度和幸福感的概念稱為「Hygge」，其中也包含咖啡和點心這些重要的元素。露營的時候也是如此，咖啡和點心會提高在野外的幸福感。

愛喝酒的人一定對酒和下酒菜很講究，但我幾乎不喝酒，而且又愛吃甜食，因此會忍不住對點心有所講究。既然酒有菜餚可搭配，我認為咖啡也可以搭配點心。用時下流行的方式來講，就是替咖啡「配對」甚至「締結良緣」。只要找到自己喜歡的搭配，享用咖啡的時光會更愉快、更放鬆。用北歐的方式來說，便是「Hygge」度會提升。

許多人都會在前往露營的途中去超市買食材，請大家利用這個時候，在超市的貨架前尋找能夠搭配咖啡的食物。即使不搭配咖啡，露營時也很容易肚子餓，因此準備一些點心或零食是必要的。機會難得，挑選適合搭配咖啡的品項也沒有損失。

下一頁起將會介紹我推薦的點心，但挑選方式並沒有規定，請依照你自己的直覺或喜好決定。我有認識的朋友說「咖啡配柿種最好」，你只要像那樣自由決定即可。

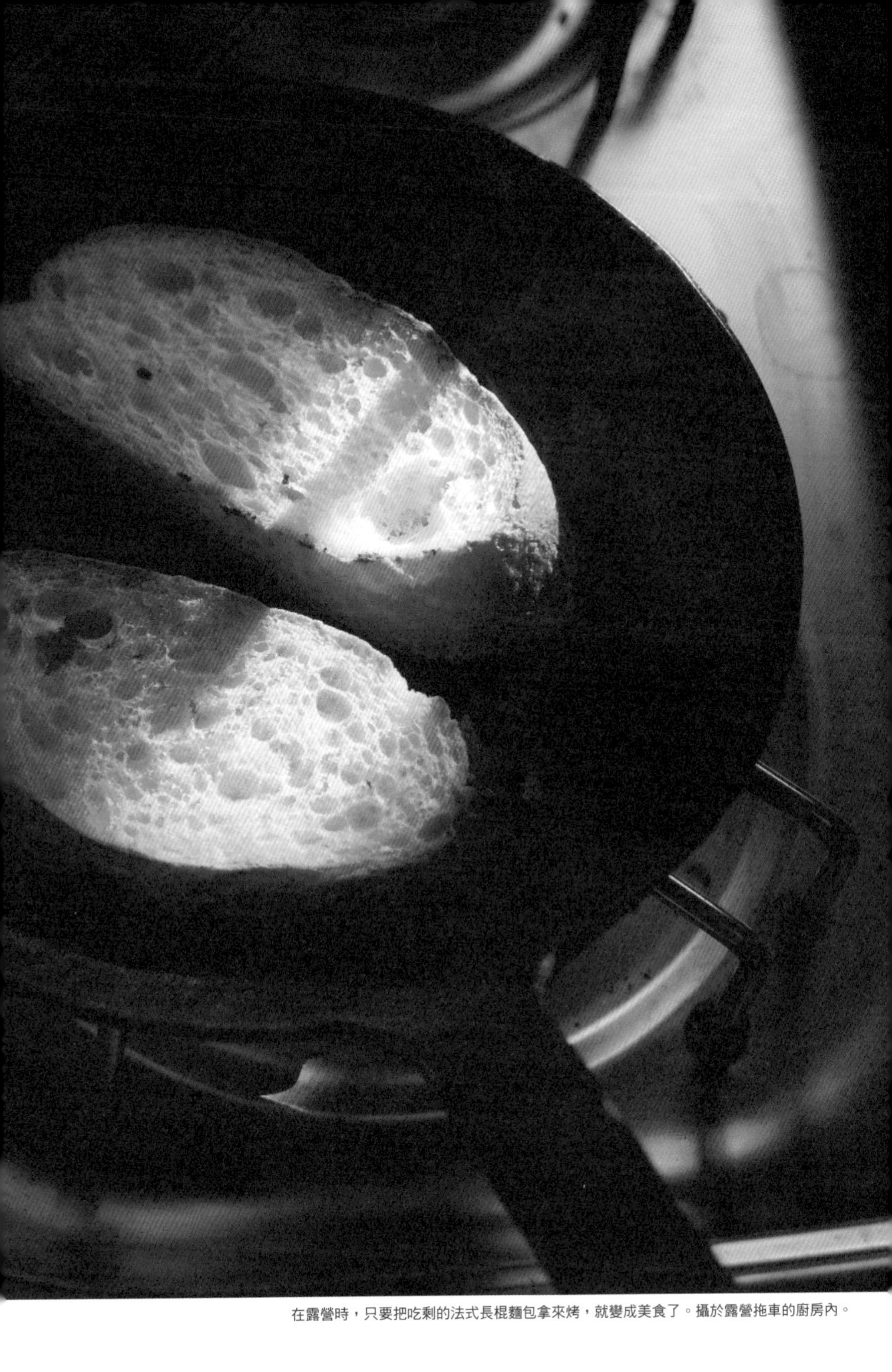

在露營時，只要把吃剩的法式長棍麵包拿來烤，就變成美食了。攝於露營拖車的廚房內。

烤日本栗

用小刀在栗子上割幾刀，用銀杏果炒鍋或鐵製平底鍋烤個 10 ～ 20 分鐘。若露營場附近有雜木林，或許能夠撿到栗子。非栽培的山栗果實較小，也常有蟲蛀，但味道絕對不遜色。在信州長大的我，小學時每天都會去山裡撿拾栗子，是回憶中的味道（撿拾前請先取得土地所有人的許可）。

咖啡蜂蜜起司

我推薦的點心是咖啡＋蜂蜜＋起司的組合。在起司上淋蜂蜜，再灑上即溶咖啡粉就完成了。這是苦味和甜味達成絕妙平衡的一道點心，請將即溶咖啡粉當作調味料或香料。將咖啡粉撒在烤香蕉上也很好吃。

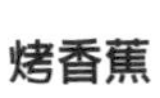

烤香蕉

說到燃起營火時一定要吃的甜點，就少不了它。用營火烤到外皮變得漆黑，再剝開來吃。吃起來口感黏稠，甜得令人驚訝。我建議用偏硬的香蕉來烤。

各種適合咖啡的點心

在這裡，我要介紹幾種能輕易在超市買到的點心零食。
有個別包裝、容易攜帶和能久放的零食才適合露營。

來自比利時的巧克力「CAFE TASSE」。如同包裝上畫著咖啡杯，它是為了能進一步品味咖啡而生，是知名品項。

水果乾＆堅果。對目標是攻頂的登山者而言，這是固定會吃的食物。堅果熱量高，水果乾用來轉換心情最好，能提振精神。露營者也請試著這麼活用吧。

各種起司。愛吃起司的我準備了很多口味，會用來製作kaffeost（→ P.123）、夾在午餐要吃的麵包裡，或是做成沙拉等等。

煙燻起司。咖啡本身就經過烘焙，所以煙燻的風味很契合。這款也推薦給喜歡喝啤酒或威士忌的酒精派。有個別包裝的款式很方便。

蝴蝶餅。源自德國的烤餅乾具有鹹味，表面撒了粗鹽，能凸顯咖啡的風味。照片裡的是迷你款式。

牛肉乾。飲用牛仔咖啡，或是用滲濾式咖啡壺沖煮咖啡時，我總是想要狂野一些。胡椒的辛辣味會增添咖啡的風味。

餅乾。我喝紅茶（→ P.92）時一定會帶，想要度過英國風的優雅下午茶時光就少不了它。即使量少也無妨，我喜歡帶上高級的逸品。

這是我幾年前，在斯德哥爾摩舊市街雜貨店找到的籃子。它會迅速融入森林的景色，無論放在哪裡都美得像畫。我把所有零食都放進這裡面攜帶。

露營時，有個「怪怪的東西」很活躍。我那就讀國中的女兒，把去俄國旅遊時買的襪子穿來露營。俄羅斯娃娃的圖案太大膽，讓人羞於穿上街，但穿到野外就顯得可愛，我很喜歡。

Column

滴漏（Drip）＆旅遊（Trip）

原本是紅茶派的我，在某次出國旅遊時開始愛上咖啡。菜單上經常只有咖啡，起初雖然喝得很不情願，但我漸漸迷上了咖啡的味道，以及在咖啡廳度過的樂趣。因此不光是露營，我也想要稍微聊一下旅行的話題。

出國旅遊時，只要有舒適的飯店和不錯的咖啡廳，其他都好說，這是我對旅行的看法。咖啡廳的位置就在距離飯店步行幾分鐘的地方最為理想，這樣子一天內可以去好幾次。

對我來說，比起知名觀光勝地，即使地點不那麼方便，但待起來舒適的飯店更有吸引力。

巴黎、羅馬、捷克、布達佩斯、斯德哥爾摩、哥本哈根、海參威、上海、曼谷……我走遍各式各樣的城市，但總是會優先尋找好待的咖啡廳。在不同國家，咖啡的口味和風格也有微妙的差異，尋找箇中差別是一種樂趣。

懶人如我，至少在旅行時會徹底開啟「什麼都不做」的模式，連續好幾天都只往返飯店和咖啡廳的情況也不少見。想要到處跑的太太傻眼地說：「真搞不懂你到底是來幹嘛的。」不不不，這樣才是最極致的奢侈呀。順便一提，即使是這樣的我，也還是絕對會造訪當地的跳蚤市場，因為那裡一定找得到稀有的咖啡器具。

在異國像個透明人般融入當地人群，將聽不慣的語言當作背景音樂，如此漫無目的地度過實在是很棒的體驗。或許是滴漏下來的咖啡誘使我前來旅遊。如同露營少不了咖啡，旅遊也少不了咖啡。

攝於波蘭古都「克拉科夫」小巷裡的咖啡廳。當地人一邊享受午後的閒聊時光、一邊悠閒地度過。混入沒人注意到自己的空間，是旅遊的一種樂趣，新鮮的體驗會讓咖啡喝起來的味道和平時與眾不同。

在巴黎的開放式露台（open terrace）所喝的義式濃縮咖啡。漂亮的咖啡脂讓我看得入神。就連端咖啡的服務生，其身影都很美麗大方。

在克拉科夫的咖啡廳點的冰咖啡。我看不懂菜單，因此正式名稱不明。一開始喝就偏甜，儘管不如在巴黎喝的咖啡那樣清爽，但我並不討厭這種朦朧模糊的味道。

要有自己的露營風格

露營也好、咖啡也好，都要有當事人的風格，即使說這是個課題或許也不為過。湊齊具有自我風格的露營用具，咖啡的風格也跟著配合，俯瞰全體時有種劃一感的露營風格就完成了。假如已經有了目標風格，還可以少買很多自己其實用不上的東西。

即便只是一句露營風格，其實也有很多種類，我有個習慣，去到露營場時會環視周遭，擅自將其他人依照風格分門別類。

在男性當中，有許多人是「野地技藝型」（Bushcraft）或軍事型，獨自露營者占壓倒性多數，給人一種很自律的印象，喜愛的用品則是軍幕帳（Pup-tent）和瑞典刀等等。

與此正好相反的是所謂的「搖曳露營型」，帳篷前擺放著時髦的茶桶和燈具，也有人會用三角串旗裝飾。若說到品牌，CHUMS 最具代表性，PENDLETON 的毯子也很常看到。

其他的話，還有使用 60 年代 Coleman 帳篷，或是露營用品清一色有年代的「美式復古型」。鞋子似乎是 L.L.Bean Boots 獵鴨靴（以上只是我個人的印象）。

至於我自己，應該算是「昭和懷舊型」吧？黃色的三角帳篷是滯銷存貨，大概非常少見，至今從來不曾與其他露營者重複。我還有軍幕和瑞典刀，硬要說的話接近軍事型，但比起高性能，我更喜歡有懷舊感的工具。

舉例來說，要燃起營火時，野地技藝型的露營者少不了點火器，但我是攜帶在古物市場找到的復古火柴去露營。三角帳篷沒有防蟲紗網，出入口連拉鍊都沒有，但我認為放縱不拘就是我自己的風格。露營的時候，裝備不大會像登山的場合那樣攸關生命，所以輕鬆愉快。

是要走拼勁十足的正統路線，還是要走悠哉的時髦咖啡路線？找到自己的露營風格之後，咖啡的沖泡方式也會改變。這一定是找到自我咖啡風格的最短捷徑。

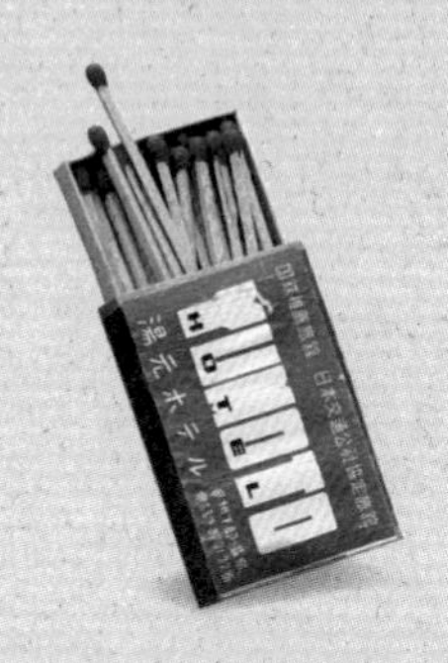

有點昭和復古風的露營用具

在此，我要介紹營造自身露營風格的用具。有些是我實際帶去露營的東西，有些則是我在家時用來製造山林氣氛的愛用品。

a.FEUERHAND 的火手燈。是最棒的觀賞用燈，使用煤油爐時可共用燃料。／b.Danner 的 Light gore-tex 登山靴。比起露營，更適合穿著它在山裡徒步。它現在已經退役了，但充滿了回憶，捨不得丟。／c.SILVA 的指南針。學生時代還沒有智慧型手機，在山上只能靠地圖。／d.Orvis 的捲線器，高中一年級時投注所有財產購買，飽含 10 多歲時的所有夢想。20 年後，它和我一起到夢想中的俄國和紐西蘭釣魚。／e. 自製釣竿。我高中開始玩飛蠅釣，只買了竿芯的材料來自己做。／f. 挪威漁夫刀，握把很大，即使掉進水裡也會浮起來。／g.《梅貝爾男爵的背包旅行教科書》（メイベル男爵のバックパッキング教書。田渕義雄共著，晶文社出版，1982 年）。我在高中一年級時遇見這本書，我對野外的觀念幾乎都是從此書學來。／h.《年少時代的山》（若き日の山。串田孫一著，河出書房出版，1955 年）。閱讀這種現在看與執筆時沒有時間差的舊書很有味道。／i.《美之原高原》（美ヶ原高原。朋文堂出版，1956 年）。昭和年代的登山導覽書，現在讀了覺得很暖心，適合作為露營場的輕讀物。／j. 立陶宛製的鳥巢箱。我喜歡白樺樹，光是在露營場看到這種樹自由生長就會很開心。／k. 用白樺樹雕刻的岩雷鳥是信州必買伴手禮。／l. 迷你雙筒望遠鏡。用來賞鳥或尋找遠方山頂上的人影很有樂趣。是在瑞典的跳蚤市場找到的。／m. 三角旗。現在已經完全消失的昭和代表性伴手禮。我將收集的主題鎖定在山林。／n. 寬口試劑瓶。這在學校的自然教室經常看到，但我用它來裝在山裡撿到的林木種子，變成充滿回憶的物品。／o. 琺瑯製的茶壺。我在旅遊地點看到和咖啡等喫茶店家相關的用具就會在意得不得了。這是在波蘭的跳蚤市場找到的。

Château Lilian Ladouys

EPILOGUE

尾聲

後記

只要有一杯愛喝的咖啡，無論什麼地點都會變成頭等席。在這層意義上，一杯咖啡或許就像是通往喜愛地點與時間的入場券。

在這本書裡，我陳述了自己的戶外活動經歷和對咖啡的偏愛。我並不是咖啡師，也不是咖啡專家，所以我並沒有立場傳授真正正確的咖啡沖泡方法。但是，若說到「身處在戶外，該如何用一杯咖啡度過最美好時光」，我自認能夠根據自己的經驗來談些什麼，於是寫了這本書。

我認為咖啡的風味並沒有正確答案，反過來說，無論是什麼味道的咖啡，某種意義上都是正確答案。美國作家漢米爾頓（Laurell Kaye Hamilton）曾說：「我沒遇過難喝的咖啡，唯有好喝程度高低之分。」聽到這句話之後，我在露營場沖泡咖啡時便不再那麼逞強，變得放鬆許多，並且認為當下能靠自身力量泡出來的咖啡，便是最具自我風格的美味。

我覺得在露營場泡出來的咖啡，跟人生是很相似的。面對一杯用營火烘焙不均的豆子沖泡、有如泥水般的牛仔咖啡，是要抱著「今天的咖啡也很美味」還是「很難喝」的想法呢？又該對它說 YES 還是 NO ？我認為，面對一杯咖啡的態度，就是一個人看待人生的態度。

來杯好咖啡吧！
度過美好人生吧！

TITLE

沖杯美味咖啡的露營時光

STAFF

出版　瑞昇文化事業股份有限公司
攝影・文字　小林紀雄
譯者　伊之文

創辦人／董事長　駱東墻
CEO／行銷　陳冠偉
總編輯　郭湘齡
責任編輯　徐承義
文字編輯　張聿雯
美術編輯　謝彥如
國際版權　駱念德　張聿雯

排版　曾兆珩
製版　印研科技有限公司
印刷　桂林彩色印刷股份有限公司

法律顧問　立勤國際法律事務所　黃沛聲律師
戶名　瑞昇文化事業股份有限公司
劃撥帳號　19598343
地址　新北市中和區景平路464巷2弄1-4號
電話　(02)2945-3191
傳真　(02)2945-3190
網址　www.rising-books.com.tw
Mail　deepblue@rising-books.com.tw

初版日期　2023年11月
定價　400元

國家圖書館出版品預行編目資料

沖杯美味咖啡的露營時光 / 小林紀雄圖.文 ; 伊之文譯. -- 初版. -- 新北市 : 瑞昇文化事業股份有限公司, 2023.11
144面 ;　14.8x21公分
ISBN 978-986-401-681-5(平裝)

1.CST: 咖啡

427.42　112015793